减压禅

[日]有田秀穂 ———— 著   陈梓萱 ———— 译

国际文化出版公司
·北京·

图书在版编目（CIP）数据

减压脑科学 /（日）有田秀穗著；陈梓萱译 . -- 北京：
国际文化出版公司，2021.9（2023.6重印）
ISBN 978-7-5125-1345-7

Ⅰ.①减… Ⅱ.①有… ②陈… Ⅲ.①压抑（心理学）—通俗读物
Ⅳ.① B842.6-49

中国版本图书馆 CIP数据核字（2021）第 154251号

北京市版权局著作权合同登记号：图字 01-2021-4656号
NOU KARA STRESS WO KESU GIJUTSU
Copyright © Hideho Arita, 2012
All rights reserved.
First original Japanese edition published by Sunmark Publishing, Inc.
Chinese (in simplified character only) translation rights arranged with
Sunmark Publishing, Inc.
Through CREEK & RIVER Co., Ltd. and CREEK & RIVER
SHANGHAI Co., Ltd.

减压脑科学

作　　者	[日]有田秀穗	
译　　者	陈梓萱	
统筹监制	张其欣　袁侠	
责任编辑	李璞	
出版发行	国际文化出版公司	
经　　销	国文润华文化传媒（北京）有限责任公司	
印　　刷	永清县晔盛亚胶印有限公司	
开　　本	787毫米 ×1092毫米　　32开	
	6.5印张　　　　　　　90千字	
版　　次	2021年9月第1版	
印　　次	2023年6月第3次印刷	
书　　号	ISBN 978-7-5125-1345-7	
定　　价	49.80元	

国际文化出版公司
北京朝阳区东土城路乙9号
总编室：（010）64270995　　　　　邮编：100013
销售热线：（010）64271187　　　　传真：（010）64270995
传真：（010）64271187-800
E-mail：icpc@95777.sina.net

前　言

　　"压力"，是一种无形无影的东西。在生活中，我们常说"要战胜压力"，可不得不说的是，这其实是一个重大的认识误区。

　　要战胜压力？这是万万不可能的。

　　这是为什么呢？因为人天生就不可能战胜压力。

　　还有，我们常听到的"零压力"这个词，也是不可能实现的。这又是为什么呢？因为压力是绝对不会消失的。

　　如果对不能得到的东西抱有期望，压力就会更大。

　　这样看起来，好像是我在危言耸听，但是，事实就是这样。

释迦牟尼开创了佛教，并花了 6 年时间用来苦行修炼，希望自己能够战胜压力。但是，他最终并没有成功。

那么，问题来了：我们应该怎样应对无形的压力呢？

答案其实很简单——消解压力。

我相信会有很多人立马质疑："你不是说，压力是不会消失的吗？"不错，压力是不会自己凭空消失的，也是不可能战胜的。甚至当压力达到一定程度后，还会威胁人类的生命。

但是请注意，压力虽然不会自己凭空消失，但我们可以消解压力带来的痛苦。

其实，真正意义上的"耐压"的人，并不是指打败压力的人，而是能够巧妙地承受压力，并把压力调节到适度的人。

那么，关键就在于：是否掌握了其中的诀窍。

在本书中，我将为您介绍其中鲜为人知的奥秘。

压力可以分为两种：一种是身体性压力，例如"寒冷"

"疼痛"等；另一种是精神性压力，例如"悲伤""痛苦"等。

而在迄今为止的压力研究中，只是揭示身体性压力构成的内容。也就是说，精神性压力虽然一直存在，但其是怎样产生的和怎样治愈的，还未被人类所了解。

所以，现在的社会上有很多人苦恼于精神上的疾患，例如忧郁症。

我们之所以至今都对压力的存在毫无办法，是因为大家都认为精神性压力就是心理压力，其原因和症状都是模糊不清的。

但是，脑科学终于有了伟大的发现，可以解释精神性压力产生的原因了。

为了让大家更好地理解，我将心理压力称为"脑压力"。

其实，脑压力的本质就是大脑通过神经递质所感受到的压力。并且，如果大脑能够感受到压力，就说明大脑中是存在传达压力的物质的，而且大脑也具有抑制这种物质的机能。只要我们平时在社会生活中重视交流和生活规律，这种机能自然会运作起来。但是近些年来，由于不规律的生活、电子产品的普及等，我们的社会生活发生了很大的变化。因此，越来越多的人无法正常地发挥这个重要的机能，脑压力也由此成为一种不可忽视的"心理创伤"。而患上忧郁症或行为失常的人逐渐增多，原因也是如此。

人类调节脑压力的机能有两种：（1）一口气消解积累的压力的机能，比如，"流泪"就能启动这一种机能；（2）创造承受压力的体质的机能，其会因为激活"血清素能神经"而增强。

只有最名副其实的"大脑"——脑前运动区的内侧部，才具备这两种机能。这里也被称为"同感脑"，是孕育社会性以及与他人同感的地方。这个最有人情味的"大脑"就具有控制压力的机能。

人是社会性动物，不能独自生存。但我们在享受社会生活带来的快乐的同时，也需要面对社会生活带来的压力。

也正因为如此，我们的大脑为了适应社会生活所带来的种种，于是在进化的过程中，同感脑里出现了调节压力的机能。这样的话，人类在社会生活中，同感脑就会被激活，人类也就能更好地调节自身压力。

所以说，调节压力和消解压力，虽然不是容易的事情，但也不是做不到的事情。这是因为，人是可以改变自己的"大脑"的！

只要改变一下生活习惯，让生活变得更符合人的本性，那么同感脑的两大机能就会增强。

在看过本书之后，我建议你尝试改变一下自己的生活。

我可以保证，困扰你的那些压力，一定会逐渐消失。

目　录

第一章 /001

压力源自大脑的感觉

第二章 /033

"三大脑"决定了人生的质量

第三章 /071

血清素锻炼每天5分钟

第四章 /123

哭泣为什么能让人放松

第五章 /161

同感脑就是最好的良药

第一章

压力源自大脑的感觉

学会向压力认输

在生活中，我们时常会感受到各种压力。也就是说，人只要活着，就肯定会感受到压力。

无论是学生、老人，还是上班族、家庭主妇和自由职业者等，都会在生活中感受到压力，无一例外，只是压力大小不同而已。

而一说到压力，我们首先想到的就是工作压力、人际关系中的不愉快等，这些都是精神上的东西。其实，热和冷、痛和痒、空腹和口渴、睡眠不足和疲劳等，这些也都是压力。我们只是习惯性地把其中有关身心的不快认定为压力。

其实，除去工作繁忙的人和有烦恼的人，那些看起来很悠闲的人，以及过着人人都羡慕的生活的人，只要他活着，肯定都会感受到某种压力的。

那我们应该怎样去应对压力呢？

佛教创始人释迦牟尼是世界上第一个研究这个问题的人。他以生为"苦"，大彻大悟。

如果按照字面上的意思来理解，"苦"解释为"痛苦"，会让人感觉人生只有痛苦，而容易产生厌世的负面情绪。如果把"苦"解释为"压力"，那就能更好地理解了。

释迦牟尼在出家后进行了各种苦行的修炼，直到 6 年后，他意识到苦行并不能拯救人，才停止了修炼，而在菩提树下寂静坐禅，有了新的领悟。

可是，释迦牟尼为什么要进行长达 6 年的苦行修炼呢？

我的理解是，释迦牟尼在这 6 年的时间里，和压力进行了彻底的战斗。可以说，他是用自己的身体在做"压力实验"。

释迦牟尼大概是认为，如果彻底地折磨身体，会激发人体内克服压力的潜力，抑或是，不断地面对无法想象的压力，人体自身会产生对压力的"免疫力"。

但是，他最后失败了。

释迦牟尼 6 年的苦行修炼结论是，不管花费多少时间和精力，人都是无法打败压力的。

但是，他的伟大之处就在于——他没有因此而放弃。

也就是在这个时候，释迦牟尼有了重大的领悟——无论是何种的"苦＝压力"，都不会一直持续，正如佛教所说的"诸行无常"：一切都是变化无常的，压力也不例外。如果脚趾不小心踢到衣柜的边角，当时会有剧烈的疼痛感，但是随着时间慢慢过去，疼痛感也会慢慢减轻，直至消失。

压力既然会消失，不如暂时相伴，也不必跟它硬碰硬。这就是释迦牟尼所到达的境界。

也许，有人要说了，这是很消极的态度。但是，这也是释迦牟尼长达 6 年的苦行修炼结论，值得我们认真对待。

面对压力时，有些人能好好地应对，而有些人则会被压力所打倒，其中最大的区别就在于：人是否意识到"压力是可以战胜的"。不得不说的是，只有意识到了这一点，才能真正地"承受"压力。

不一样的压力体验——海底 300 米

海底 300 米处的压力，有人体验过吗？

恐怕很多人想都没想过吧？

在大学时，会水肺潜水的我，作为研究项目中的一环，去试潜了。虽然只是模拟实验，但是我需要在海底 300 米处度过 3 周时间。那次海底压力体验，对我而言，算是一个重大转机……

活着，是"苦＝压力"。而对待压力，只能与它相伴，等它自主消失。这看起来虽然有些残酷，但我认为，如果不能接受这个现实，就没办法顺利地应对压力。

这不仅是我从释迦牟尼身上得出的结论，也是我经历了被压力压倒的日子后才认识到的现实。不得不说，那次在海底300米处度过3周时间的经历令我无法忘却。

虽然说是3周时间，其实待在海底的时间只有1周——从地面去海底花了1天时间，而从海底回到地面则需要2周时间，因为如果一下子直接回到地面，人会因为水压的不同而患上"潜水病"。

海底300米处的生活虽然只有1周时间，但是绝对比想象的要严酷得多，可以说，人在那里根本没办法正常生活。比如，室温升高1摄氏度，人会大汗淋漓，而室温降低1摄氏度时，人又会被冻得直发抖。还有，就算食物在地面做好，然后经过压缩后装在罐子里运下来，但是不管里面是什么，都会觉得食不知味，因为根本就没有食欲。

另外，海底呼吸的空气也和地面空气有明显的不同，压力会扑面而来。

1周、2周、3周，我在海底感觉每天的时间过得很慢很慢，当回到地面后，我感觉到自己已经身心俱疲，就连鼻腔出血，我都没有及时发现。

其实，在潜入海底前，我坚信"人类也许可以居住在充满压力的环境，比如海底"。但在这次亲身经历之后，我想，我再也不会有这种想法了。我深深地感受到"人是不可能战胜压力的，不管经受过多少压力，也不会获得压力免疫力"。

可以说，也正是因为有了这次经历，我认为，人应该接受压力而生活下去。

有人要说了，就是想感受一下"压力无法战胜"这一现实。那我也不会建议特意去挑战压力，因为那样只有一种结果——失败。

现如今，我已年近四十了，但每次想起当时在海底的情景，都会庆幸自己没死。

选择等待死亡的实验老鼠

在现实生活中，还有很多压力是不容易消失的，譬如，病痛、人际关系的压力、职场压力，等等。

那么，如果压力持久不消失的话，生物会有什么变化呢？

在20世纪初期，加拿大的免疫学者汉斯·塞尔耶用老鼠作为试验对象，想得知生物在不同的压力下会产生什么样的应激反应。

其实，"压力"这个词在当时还没有被广泛认知。正是因为塞尔耶提出的"压力学说"，"压力"才被广为人知。

本来塞尔耶进行的是有关荷尔蒙的研究，但他发现生物在受到持续的不愉快的刺激时，都会分泌一种相同的荷尔蒙，而这种荷尔蒙正是我们现在所说的压力荷尔蒙。

没错，当生物感受到外界压力时，自身就会分泌出压力荷尔蒙。而压力如果不断地重复，抑或是长时间地持续，压力荷尔蒙就会持续地分泌，那么生物又会有什么反应呢？

塞尔耶为了深入研究，便对实验中的老鼠施加各种压力。

①在下雪的夜里，把老鼠装在笼子里放在屋顶上。

②强迫老鼠在水里游泳。

③把老鼠钉在板子上。

④按照一定的时间间隔，对老鼠进行持续的电击。

最后的结果都一样——老鼠死了。

实验中的老鼠在被施加压力的时候，都进行了抵抗，它们一心想要摆脱压力，但是当它们逐渐意识到挣扎于事无补时，便自我放弃了，只是静静地忍受着压力。

在其中一个实验——强迫老鼠游泳中，老鼠在实验初期拼命游泳，就是为了找到出口，甚至会潜入水中寻找出口。但是，慢慢地，它便停止了游泳，一动也不动，这是为了防止能量的消耗，它是在等待逃走的机会。

如果此时把它从中解放出来，它就可以得救了，但如果持续施加压力，它在不久后就会死去。

根据调查结果显示，从给老鼠施加压力开始，一直到它们死去，在这期间不论是哪个实验，老鼠都会产生三种相同的反应——"胃溃疡""胸腺、淋巴腺的萎缩引起的免疫力低下"以及"肾上腺皮质肥大"。这就是后来被称为的"塞尔耶压力三征兆"，是生物体在承受压力时身体会产生的压力反应。

同样，在人的身上也会出现这三大征兆。

我相信大家听说过，压力会造成胃溃疡。没错，如果压力持续存在，那么原本身体健康的人也会逐渐产生这些症状。

路径不同的心理压力和身体压力

塞尔耶的实验结果证明了，生物体如果长时间处于压力状态之下，那么其在不久之后便会死亡。

而且，生物体在这种持续压力的状况之下，身体也会受到各种伤害，例如胃溃疡、肾上腺皮质肥大，还有胸腺、淋巴腺萎缩引起的免疫力低下，等等。

有人要问了，如果压力状态持续，肾上腺皮质为什么会肥大而产生压力荷尔蒙呢？

根据研究结果显示，当压力持续存在时，脑下垂体就会产生一种叫作ACTH[①]的荷尔蒙，它会刺激肾上腺皮质。那么，脑下垂体为什么要释放这种荷尔蒙呢？我相信，只要坚持追究身体中所起的反应，那么压力使人生

---

① ACTH: Adrenocorticotropic hormone, 促肾上腺皮质激素。

病的原理就会慢慢地被揭晓了。

当受到身体性压力时，身体某处会有什么样的反应，最终就会引起什么疾病，这就是所谓的"压力路径"。那么，我先简单地介绍一下"压力路径"。

在身体性压力中，反应最强烈的，应该是"疼痛"了。

疼痛，作为一个"信息"，首先从脑部的丘脑开始，然后经过大脑皮质或大脑边缘系，到达丘脑下部室旁核，也就是压力中枢。

而接收到"信息"的室旁核，会产生一种叫作CRH[①]的促皮质素释放激素，它是命令释放"刺激肾上腺皮质的荷尔蒙"的荷尔蒙。

这种荷尔蒙会刺激脑下垂体，从而释放出ACTH。它会刺激肾上腺皮质，引起肾上腺皮质肥大，以及压力荷尔蒙"皮质醇"的分泌。

需要注意的是，大量分泌肾上腺皮质荷尔蒙"皮质醇"，会引发高血压和糖尿病。

但是同时，肾上腺皮质荷尔蒙在医药界中被广泛应用。比如皮肤科中用于治疗烧伤、特应性皮肤炎的"类

---

① CRH: Corticotropin-releasing hormone，促肾上腺皮质释放激素。

固醇"，其实就是肾上腺皮质荷尔蒙。换句话说，肾上腺皮质荷尔蒙就是身体必需的一种物质，但是如果分泌过多，就会引起糖尿病、骨质疏松、高血压等疾病，从而给身体带来一些负面影响。

身体压力，就是因为这样的"压力路径"而引发了疾病。只是，压力不但会引起身体上的疾病，还会引起精神上的疾病。

比如，现在的社会问题之一——忧郁症，可以说主要是由压力引起的。但是，压力荷尔蒙并不能解释忧郁症产生的原因。

其实，有很多研究者曾猜测 ACTH、类固醇这类荷尔蒙，与忧郁症的产生存在关系，只是苦于一直未能找到能证明的相关数据。

那么问题来了，压力是怎样引起忧郁症的呢？

直到近年来，才有相关数据显示，压力会影响精神的路径，而且与影响身体的路径是完全不同的。

刚开始都是在脑中的丘脑下部，但是压力在通往神经时不经过下垂体，而是直接到了脑中的脑干部分开始起作用，也就是"中缝核"。

换句话说就是，压力路径分为两种：一种是"身体

性压力路径", 指的是从丘脑下部通向下垂体; 另一种
是"精神性压力路径", 指的是从丘脑下部通向脑干中
缝核。

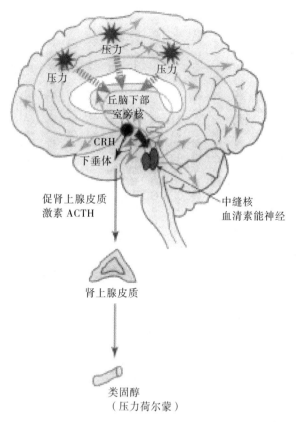

图1-1　两种不同的压力路径

脑干的位置是在脑中的最深处，它的功能主要是维持个体生命。中缝核则大概位于脑干正中，它的内部有血清素能神经——一种运用血清素传达信息的神经，能释放出神经递质血清素，这与精神性疾病有密切的关联。

而压力信息就是从丘脑下部传达到中缝核，因此减弱了血清素能神经所起的作用，然后就有了忧郁症和恐慌症的产生。

确切地说，血清素能神经正是治疗压力的"特效药"，这一点在本书第三章将进行详细说明。现在只要记住，如果血清素能神经的作用减弱，那么就会引起精神性疾病。

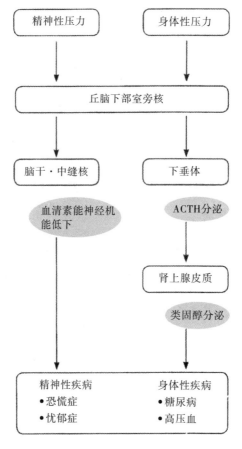

图1-2 压力引发疾病的过程

　　需要注意的一点是，精神性压力其实就是"大脑通过神经递质感到的压力"，这就是它的真实面目。

　　在知道了精神性压力的路径之后，就能了解抑制压力的办法。可是即便如此，还是有很多人觉得，所谓的"精神性压力"是没有办法具体化的，治疗方法也应该因人而异。

　　而我把精神性压力叫"脑压力"，因为我希望大家能够理解——精神性压力其实就是大脑所感受到的压力，而且大脑具有控制压力的机能。

　　我想，要是大家能把"脑压力"这个词自然地挂在嘴边，那绝对就是踏出了消除精神性压力的第一步。

动物也有忧郁的一面

当我们面对脑压力（精神性压力）时，我们的身体会有什么样的反应呢？

事实上，经过塞尔耶的老鼠实验，我们已经得知脑压力也会对生物体造成一定的影响，会出现和受到身体性压力时产生的相同的不适症状，例如糖尿病、高血压等。

还有一个有趣的发现值得关注：人们通常会认为，只有人类才有精神性压力，其实这是不对的。像老鼠这样的小动物，也是能够感受到精神性压力的。

下面的这个实验就可以很好地证明这一点。

首先，在两个并排的笼子里各放入一只老鼠，对其中一只老鼠进行电击，给它施加身体性压力。也就是说，另一只老鼠在旁边的笼子里一直看着同伴的惨状，听着惨叫。

如果是人类处于这种情景之下，一定是难以忍受精神压力的。

其实，对于老鼠来说，也是如此。

尽管另一只老鼠没有受到任何身体性压力，但是置身于这种环境之下，它也会和同伴一样，启动一样的压力路径。

但是，这个实验只证明了动物也会感受到精神性压力，并和受到身体性压力时一样会患病，严重的情况下甚至会濒临死亡。

我们通过研究脑的作用，了解了精神性压力的路径，但是老鼠的大脑跟人的大脑还是存在着一定的差异。就算是面对同样的精神性压力，还有一些"大脑发达的人类才能感受到的压力"，所以，不能简单地认为动物感知到的压力都是一样的。

但是，有一点毋庸置疑：不管是身体性压力还是精神性压力，都会成为身体疾病和精神疾病的导火索。

何谓人的两座压力大山

我们刚提到过，还有一些只有大脑发达的人类才能感受到的压力。

那么，人类独有的压力是什么呢？

我觉得此类压力具有如下特征：因不快而产生的压力；为别人做的事，没有得到适当的评价而产生的压力。

一种是"因不快而产生的压力"，这是人常有的压力，还是一种很大的压力。

比如，打弹珠时，当你赢了，看到弹珠不断地涌出，你会觉得很爽很开心，这就是快感。但是，弹珠不可能永远往外涌出，当弹珠停止涌出时，快感就会变成不快，成为一种压力。

释迦牟尼说过，压力是不会永远持续的。这就是无常的意思，而快感也不会永远持续存在。

当压力消失，人会感觉很轻松，但如果快感消失了，人就会感觉到压力（不快）。

酒精可以让人得到很多的快感，另外还有性、游戏、购物、暴力，也会让人沉迷，但是当这些快感都消失时，随之而来的压力也将大得无法估量，成为一种麻烦。

为什么说是麻烦呢？因为如果对失去的快乐的渴求太强烈的话，就会变成"依赖症"——对失去太执着，就无法控制心智。而且，它可能会发生在任何人身上。

而另一种，"为别人做的事，没有得到适当的评价而产生的压力"也挺麻烦的。

这是为什么呢？因为这种压力需要双方一起解决，一个人是很难解决的。

这种压力我们几乎都体验过，只是程度不同而已。

比如，一直在拼命学习，却被认为是理所应当的学生；每天为家里忙里忙外，尽心照顾孩子，却得不到丈夫理解的主妇；为了解决工作上的问题而通宵工作，却得不到上司和客户肯定的上班族；精心为爱人挑选礼物，却不合对方心意的恋人。

我相信，每个人都感受过这种"没有得到适当评价"的压力。

但是，不得不说的是，自我评价和他人评价之间的差距从某种意义上来说，也是无奈的事情。并不是说一定是自己有问题，但是也不一定就是他人有问题。

所以，如果不能很好地理解这一点，就可能会产生争议，比如"以怨报德"之类的，而且要解决这种压力是很困难的。

释迦牟尼绝对是伟大的压力研究者，他曾告诫弟子"苦有三苦"：

①单纯的苦，比如疼痛之类的；

②不快的苦；

③不被他人认可的苦。

释迦牟尼一针见血地指出了身体性压力以及只有人类特有的两种脑压力。

那么，也就是说，人类从释迦牟尼时期到现在，2500年来一直被同样的压力所困扰着，也一直没有克服过。

为什么晚上比早上更容易让人失控

　　我记得，以前看到在公共汽车里失控闹事的新闻，闹事者要么是醉汉，要么是性格粗暴的人，但是现在的情况好像不太一样了，其中不乏很多平常老老实实、循规蹈矩的人，忽然失控、发狂。

　　失控，简单地总结其原因，其实就是压力太大。无法控制自己的压力，情绪爆发，做出不同于平常的行为，就是失控的状态。

　　有人会说："这也太不可理喻了！"

　　但是从科学的角度来看，就没有什么是不可能的。

　　当面临压力时，大脑一般情况下会调换神经路径，防止失控抓狂，但是如果调换路径失败，就会出现歇斯底里的情况，也就是失控状态，这是脑压力积蓄引起的症状。

我相信，我们听到的那些失控者的回答是：

"当时真的是忍不下去了……"

"我也不知道为什么，就是突然间就爆发了……"

可以看出来，他们平时是可以忍耐的、不会情绪爆发的，那为什么突然就做不到了呢？这一定是有原因的。

我认为，这一切都是血清素能神经功能降低所引起的。

我们日常所说的"平常心"，其实就是血清素给大脑带来的平静的清醒。而保持平常心，就是指大脑的切换十分顺畅，不抓狂、不兴奋，很平和地运行着。

在动物实验中，也得到了证明——当血清素能神经功能低迷时，生物就会产生残暴的行为模式。

在实验对象是老鼠的实验中，把一只血清素能神经功能遭到破坏的大老鼠和正常的小老鼠放在一个笼子里，大老鼠竟然咬杀小老鼠。一般情况下，这是绝对不会发生的。

当给残暴的大老鼠补充血清素后，它就会回到温顺状态，而残暴的一面也随即消失了。

当然，老鼠的实验结果不能直接套用在人身上，但可以推测出——当血清素能神经功能低下时，人的情感和精神状态很难保持冷静状态。

公共汽车里晚上失控的人比早上多，就可以证明这一点。

单从人身体上的压力来看，早上不比晚上时的压力小，甚至还要更大。但是，为什么几乎没有人在早上失控呢？这是因为早上的血清素能神经是比较活跃的（详细情况将会在第三章里进行说明）。

人在社会中生活一整天，可能被领导训斥，可能被朋友抱怨……经受了各种压力，而血清素能神经功能也逐渐衰弱。当血清素能神经再无法忍受压力时，便会败给压力。而这就是"为什么晚上比早上更容易让人失控"的原因。

选择适合自己的对抗压力的武器

人无法战胜压力。

压力如果持续存在，生物体就会死亡。

这样的话，人和压力实验中安静而忍耐的老鼠有区别吗？难道人真的没有办法应对压力吗？

结论是，有的。

而且呢，办法还不止一个。

也就是说，我们还可以根据自己的情况来选择有效的应对办法。

例如，释迦牟尼的方法——"坐禅"。

压力研究的先驱者释迦牟尼经过6年苦行并未开悟，而通过坐禅开悟了。从脑科学上来说，释迦牟尼通过坐禅，激活了脑中"重要的部分"。

何谓坐禅？很多人可能会想到冥想。没错，冥想也是一种很有意义的活动。但是，坐禅更讲究的是呼吸——悠长的腹式呼吸，并且有规律地重复。

当悠长的腹式呼吸持续一定时间后，脑中"重要的部分"——和恐慌症、忧郁症密切相关的血清素能神经，就会发生变化。

有规律的运动，叫作"韵律运动"。而腹式呼吸则是以一定的韵律活动腹肌，血清素能神经又恰好是一种有趣的神经，所以会随着韵律运动被激活，也就是血清素这种神经递质的量会增加。

血清素还能让大脑保持平静、清醒的状态。释迦牟尼坐禅开悟，可以说也有清醒的功劳。

而且，血清素能神经被激活，不仅可以预防精神性疾病，如恐慌症、忧郁症等，还能让人忍受更大的物理性疼痛。况且，精神上的清醒还有利于应对压力，并做出冷静的判断。

当然，在应对压力时，这并不是绝对有效的方法。当巨大的压力袭来时，不管血清素能神经怎样被激活，压力路径都会启动，我们的身心都是会生病的。

但是，我个人认为，平常就激活血清素能神经算是"为承受压力做身心准备"。虽然只是做准备，但在需要承受压力时就会相对顺利，所以说，做不做还是有差别的。

而且，老鼠和其他动物也都具有这种基本功能。

只要能充分激活血清素能神经，那么，不仅仅是人类，其他生物也都能承受不同程度的压力。

也许，这种能力是所有生物在进化过程中获得的基本能力吧。

只不过人比其他动物的压力都要大，有着独有的精神性压力，如果只能靠激活血清素能神经，那该多不公平啊。

事实上，我在研究血清素能神经的过程中也意识到，人其实还有一种其他动物所没有的抗压能力，而且是具有爆炸性效果的秘密武器——眼泪。

　　有人会说了，其他动物也是有眼泪的啊。实际上，眼泪分为 3 种（第四章将有详细的介绍），而只有人类才流"眼泪"——把脑中的压力清洗干净的秘密武器。

　　人类流的眼泪是"动情之泪"。

　　在类人猿中，黑猩猩的遗传基因有99％与人类是一致的，但它也没有"动情之泪"。

　　人在开心时、伤心时、感动时、同情时，都会流泪，甚至毫无察觉地流着泪。从生物学上来说，这是人类特有的，是了不起的事。

发达的脑成了压力的开始

我相信，有人要问了，为什么只有人类会流"动情之泪"呢？

因为人类有发达的"前运动区"。

前运动区是人类在进化过程中产生的，是脑中崭新的部分。一些动物也拥有前运动区，但都远不如人类发达。

所以，能流"动情之泪"的只有人类。

只有人类才能感受到"不快之苦"，以及"不被他人认可的苦"这两种精神性压力，正是因为这两种压力都和前运动区的发达有关联。

换句话说，就是人脑中的前运动区相较于其他动物变得更发达，同时也让人感受到了其他动物感受不到的压力。而与此同时，人类也获得了特有的高效"抗压能力"。

　　我们都感受过，流泪后的心情会爽快很多，精神也轻松多了。

　　但是，很长时间以来，人类承受着特有的压力，却完全没有意识到自己特有的抗压能力。

　　其实，人在哭了以后感到轻松，是因为脑中进行了一个决定性的转换——从压力状态到放松状态。

　　不得不说，人类具有这种能力是一大福音，虽然我们的生活中仍旧充满了压力。

　　我们需要认清一点——压力是绝对不可战胜的。

　　人类的身体就是如此，毫无办法可言。

　　我们如果没有“脑压力”的意识，可能会一直为无形的“心理压力”而烦恼。

　　但是，只要我们意识到了这一点，就具有了两种杰出的抗压能力，也是消解脑压力的关键：一种是通过人类特有的“动情之泪”，获得“放松压力的转换能力”，另一种是通过激活血清素能神经，获得“承受压力的能力”。

　　我认为，只要巧妙地运用这两种能力，学着和压力共存，就是拥有美好人生的最好办法。

第二章

"三大脑"决定了人生的质量

人脑有两处"心"

随着人类脑部研究的发展，已经科学地知道脑中有"心"。

英语单词"heart"是"心脏"的意思，大家普遍认为"心"在心脏里，很少有人正确理解心在脑中何处。其实，这是思考角度的转换。

如果只是模糊地知道"心在脑中"，其实就等于什么都不知道，更别谈消解压力了。

重点就是，因为压力而患上的心病，原因就在脑中。

还有，我使用"脑压力"一词，是希望大家明确知道心之所在。

请记住，要想应对精神性压力，就必须搞清楚心之所在。人类的大脑在进化过程中逐渐发达，就脑和身体的比例来说，人类拥有最大的脑——以最原始的"脑干"为中心，在外侧逐渐"增建"新的脑。

脑干，又叫"自立脑"，拥有呼吸、消化、循环等自律神经机能，还有调节咀嚼、步行等基本的运动机能。

位于脑干上面的是"丘脑下部"，又叫"生存脑"，是调节食欲和性欲等生存中不可或缺的功能。

而位于丘脑下部外侧的是"大脑边缘系"，又叫"感情脑"，是形成喜怒哀乐、愤怒、恐怖等各种情感的地方。像我们家中的猫、狗等宠物，它们有感情丰富的行为，也是因为有大脑边缘系。

而人类的脑和其他动物的区别，就是大脑边缘系外面还有发达的"大脑皮质"，它位于大脑的最外侧。

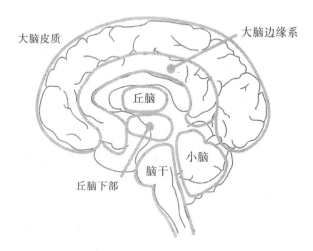

图 2-1 发达的人脑构造

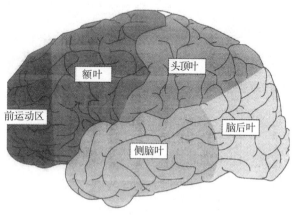

图 2-2 大脑皮质的四分类和前运动区示意图

人类拥有丰富的智能，会使用语言沟通，过着社会性生活，其实就是大脑皮质发达的结果。

大脑皮质从位置上可分为：脸的那一侧叫作"额叶"，两边叫作"侧脑叶"，头顶附近叫作"头顶叶"，后面叫作"脑后叶"。我相信大家都听过这些名称吧。

那"心"到底在脑的哪里呢？

实际上"心"在两个地方：一处是在感情脑，也就是大脑边缘系；另一处则是在和感情脑紧密相连的"前运动区"。

在额叶中，位于最前方的那部分叫"前运动区"，而"心"主要就是在这里。

换句话说，前运动区既可以让人类感受到压力，也可以消解压力。

人失去前运动区会变成什么样

对于人来说，前运动区绝对是非常特别的。

因为它，人才具有"人性"的脑。

神经学家安东尼奥·R.达玛西奥所著的《生存的脑——心、脑与身体的神秘》一书中就记有前运动区因事故受伤的人的案例。

此案例中，主角只有前运动区受伤，脑的其他部分都是完好无损的。他恢复健康后，看上去和其他人一样，没有什么异常：会走路、奔跑，会说话，也会自己吃饭、排泄。

但是，他有一种能力失去了，那就是"社会生活"。

换句话说，就是他无法和他人进行社会性交流了。

我们在和他人进行语言交流时，会误认为人是从语言里理解对方的思想的。但是，这个案例告诉我们，并非如此。

这个主角会说话，也能理解他人的话语内容，但他无法抓住他人的思想。这是为什么呢？

其实，我们在与他人交流时，会无意识地从表情、动作、声调几个方面解读对方的心。

还有，他无法自愿地、出色地完成工作安排。可以说，他再也无法自如地在人际关系中生活下去。

所以，对于作为社会成员的人来说，要想正常生存，前运动区是不可或缺的。

活着，但无法进行正常的社会生活，是不是让你想起了什么？

没错，"家里蹲""尼特族"①们就很接近这种状态。

他们看起来和常人一样，吃饭、睡觉、看电视。重

---

① 尼特族："Not currently engaged in Education, Employment or Training"的缩写，意为不读书、不就业、不参加辅导，整日在家无所事事的人。

点是，他们通过网络和外界交流。

他们讨厌和别人面对面谈话，喜欢一个人待在房间里，就连电话也不怎么打，一般都是通过网络聊天、发邮件这些不需要现实交流的东西。

但需要注意的是，人类是一种不能独自生存的社会性生物。

也正是因为这样，人类的大脑才得以进化，学会掌握语言的能力，培养从他人的表情、行动中读取中心思想的能力。

如果不能和他人直接进行交流，或者是不愿意，甚至连想象也做不到的话，那么这对于人来说，是很危险的状态。

但是，这只代表他们的前运动区的功能弱化了，并不是失去。只要多加锻炼，弱化的这部分功能会得到恢复甚至加强。

人天生具有的读心术

"脸上在笑,心里却在哭。"

这句话说出了人类的一种很了不起的能力。

试想一下,如果对方的脸是在笑,我们又怎么知道他的心里是在哭呢?

所以,这句话说明了:就算对方有意识地隐藏了心理活动,我们也能看透他的内心,看透他想隐藏的东西。

这就是人类与生俱来的能力。

比如,婴儿通过妈妈的声音、目光,甚至皮肤的温度等,就能读懂妈妈的心,就是使用了这种了不起的能力。

只是,与其说是"读懂",倒不如说是"感觉到"。

感觉首先要转化为认识，还需要语言脑的发达，以及与前运动区的能力相联通。

也就是说，孩子是通过"模仿"来完成这个过程的。

幼儿园的孩子就会经常模仿周围的人，模仿爸爸妈妈，模仿哥哥姐姐，或是模仿老师等身边的人。

通过模仿对方的语言和行动，做出相同的语言和行动，就是体验和学习对方的心理。"为什么他要这么说，要这么做？"所以，让大脑发达的重要训练之一就是"模仿"。

孩子就是在反复的模仿行为中，让前运动区变得越来越发达。

这个行为在理解他人心理的同时，也把自己和他人的区别输入了脑中。

因为孩子在模仿他人的时候，会认识到自己和他人的区别所在：他人能做什么，自己不能做什么；自己这样想，而他人却那样想。也就是说，孩子在确立"自我"的同时，也就造就了"理解他人的大脑"。

孩子的大脑通过一个行动，可以同时学到许多东西，养成多种能力，所以，人在长大后，就学会了一系列复杂的程序：一边进行语言交流，一边观察他人的行为、读懂他人的心。

现在的年轻人把那些不会察言观色的人叫作"KY"①。也就是说，不会看他人的眼色，也读不懂他人的心理，换句话来说，就是"前运动区功能弱化"的人。

"KY"的流行，说明这样的个体越来越多。我想，其主要原因之一在于"核心家庭"这种家庭形态。因为"通过非语言因素读懂对方"的能力，在大家庭中能够自然而然地就掌握了。

然而，现在基本上听不到"核心家庭"这个词语了，换句话说，就是父母和孩子的小家庭好像已经变得理所当然了。但是，从大脑的发育来看，这并不是一件好事。

最常见的一种特别不利于大脑发育的做法是"让电

---

① KY：源自日语"空気が読めない"的首字母，直译意为"不会读空气"，引申意为"没眼力""不会看人脸色"等。

视机照看孩子"。

由于没有其他人帮忙照看，妈妈经常会在做家务的时候，让孩子"乖乖地看电视"，也就是让电视机照看孩子。

这种做法，我能理解。

只是，这不能称为"交流"，因为孩子对着电视机笑，跟电视机说话，电视机都不会回应。

那些经常看电视的孩子和直接模仿他人的孩子相比，脑中所起的反应肯定是不一样的。既然都不能称为交流，那就失去了通过看对方的反应来修正自己，以达到正确理解这个重要步骤的意义了。

换句话说，因为没有真正的交流，只能达到很模糊的理解："对方也许就是这样想的吧。"既没有理解他人，也没有确立自我。所以，前运动区没有充分地发育。

孩子小时候由"谁"照看，在很大程度上谁就影响了他的脑部发育状态。

"游戏脑"背了"坏蛋"的锅

是否听说过通过"血流量"来判断脑的活动量的方法？

如果血流量大，那就说明使用了很多氧气进行新陈代谢。换句话说，血流量大的地方是工作活跃的地方，血流量小的地方则刚好相反，是工作较少的地方。

也就是说，那些前运动区功能不太好的人，比如不能读懂他人心、不能和他人顺利语言交流的人，其前运动区的血流量也是较小的。

大脑其实和肌肉是一样的。如果每天对肌肉加以练习，肌肉就能保持强健，但是偷懒绝对会引起肌肉退化。大脑就算发育完好，但如果不让它发挥功能，那么能力也会衰退的。保持大脑的工作状态，使其血流量充沛很重要。

那么，应该怎样增加前运动区的血流量呢？

办法就是——运动。

这个"运动"，不是指锻炼肌肉之类的剧烈运动，而是指保持一定韵律的"韵律运动"，比如散步。

运动能增加血流量，反过来，运动不足则会减少血流量。

现在的生活中有一个新词语"游戏脑"，指的就是游戏会给脑带来坏的影响。

只是，这种说法也不全对。

现在的游戏种类多而杂，不能一概而论地说"不好"。

但是，可以肯定的是，一直单调地重复一个游戏，对脑的发育很不好。

比如持续打倒出现的敌人是单调的游戏，它对脑是有害的。还有角色扮演类的游戏，可选择项少、不用思考的游戏类，也是不好的。相关研究发现，玩这种单调、重复的游戏时，前运动区的血流量会逐渐减缓。

所以说，那些熬夜打游戏的人很有必要重新审视一下自己的生活习惯。

经常听到打游戏的朋友说，通宵打游戏，通常都是连续几个小时做着同样的事情。这就说明，玩游戏的时候，基本上没有给予脑部负担。不得不说，这样打一整晚的游戏，对脑的发育真的很不好。

而且，长时间使用脑和身体，会产生疲劳感，从而成为一种压力，不可持续过久。像这种连续几小时都在埋头打游戏的事情，绝对是日常生活中不该有的异常状态。

当人在现实世界中，面对自然和他人时，往往有无限的选择，因为当对象和状况不同时，其答案也是不同的。而和现实世界相比较，游戏世界的选项少，结果还是既定的，这对脑部来说是非常单调的。

我想，打游戏的朋友要说了："那我可以边想边玩啊。"

但是，从有限的选项中选出 1 个正确的答案，这对于脑部来说，并不是困难的工作。

现在也盛行一些敲鼓等需要身体配合的游戏，而在游戏中脑部是需要工作的，虽然不会太辛苦，但也不建议持续玩一晚上。

所以，并不是说所有游戏都对脑部发育有影响，只是连续玩几小时的单调游戏很不好。

请记住一点，大脑和身体是密切相关的，而运动不足会引起大脑的功能低下。这样的说法并不为过。

多想一想再回答，你确定要牺牲自己的大脑持续玩几小时的游戏吗？

没有忍耐心的孩子和大人终究不是一回事

通常来说，孩子的忍耐力是不如大人的。想哭想怒，马上会通过语言和行动直接表达出来。

那么，孩子为什么不善于控制情感呢？

孩子无法压抑住情感，是因为他的前运动区没有发育完好。确切地说，孩子的大脑其他部分也没有发育成熟。

例如，刚出生的小婴儿在睡觉时不会翻身，但是随着年龄的增长，待长骨固定了，便会自主翻身，然后才会站起来，再到蹒跚学步。这些成长的过程说明运动的脑（大脑和小脑等）是不断发育的。

小婴儿最初也只能发出让大人无法理解的单音节，慢慢地才说得出有意义的词。而孩子到了3岁左右，能完整地表达出自己的想法了，就是因为语言脑的成长速度快。

而忍耐心也是这样。随着年龄的增长，爸爸、妈妈和周围的人会经常提醒孩子"你已经不是小孩了，在公众场合要保持安静""你稍微忍耐一下"，等等，提醒孩子学会社会生活中必需的"忍耐心"。

与此同时，另一项重要的能力"从脸部表情读懂对方的心"也得到了学习。

例如，1岁多的孩子在争玩具时，不管对方生气还是哭，肯定都把自己的情感放在第一位。

但是，如果他们有了忍耐心，当看到对方哭时，就会把玩具让给对方。这种行为是读懂了对方的情感，理解了对方的悲伤，然后用理性压抑了自己"想要玩具"的情感。

因为如果不是理解了对方的情感，就不会压抑住自己的情感。

换句话说，就是忍耐心的学习和读懂对方心理的前运动区的发育是同步进行的。

有相关的实验记录：给小学生中喜欢欺负人的孩子

和不欺负人的孩子看同一张人物照片，然后让他们通过照片上人物的表情，猜测一下人物的心情。

结果就是，答案是截然不同的。

那些喜欢欺负人的孩子从表情中读懂他人感情的能力，很明显要比不欺负人的孩子差得多。

在喜欢欺负人的孩子的认知里，生气的脸是无表情，而笑脸是嘲笑对方。

问那些喜欢欺负人的孩子："为什么对方很讨厌你这样做，你还是要继续呢？"他们通常都回答："我没觉得对方讨厌啊。"

其实，这是他们的真话。

有人会觉得这简直不可理喻："他明明就是在撒谎，就是为了掩盖自己的错误啊。"

当然，也有些孩子是知道对方讨厌自己这么做却还要干坏事，但是大部分孩子是因为不能读懂对方的感情。

如果通过表情读懂感情的能力低下，那么控制自己感情的能力也会低下。所以，他们就不会停止欺负他人。

当然，如果只是前运动区因为某种原因而发育迟缓，那么只要加强前运动区的锻炼，自然就会慢慢养成"忍耐心"，从而掌握"从表情读懂感情的能力"。

如果孩子不能控制感情是因为前运动区的发育不发达，那么大人为什么也会出现这种情况呢？

我相信我们都碰到过像孩子一样感情爆发的大人。那这种大人也是因为前运动区不发达吗？

不是！

大人不能控制自己的感情的原因和小孩是不同的。大多数大人是因为疲劳过度、酒精摄入过度等原因造成前运动区功能弱化。

在第一章中讲过，晚上在公共汽车里情绪失控的人要比早上多得多，那是因为一天的压力累积，血清素能神经衰弱，再加上晚上喝酒的人多。

那些平常可以忍耐的事，因为喝了酒而变得不能忍耐，以至于吵架、打架，这种失控就是前运动区功能弱化的状态。

虽然看起来同样是"无法控制感情"，但是其原因却是截然不同的。

拥有"同感脑"才会理解对方

确切地说，只有理解了对方的情感，才会对对方有忍耐心。

那么，我们会在什么时候想要忍耐自己而谦让对方呢？

我想，应该就是在对方的情感能引起我们"同感"的时候了。

当对方的痛苦、悲伤引起我们的同感时，我们在内心就会觉得，"既然他这么痛苦，我应该……""既然他这么伤心，我应该……"，从而刻意地压抑自己的情感，为对方着想，谦让着对方。

所谓"同感"，就是"相同的感情"之意，说得更通俗一点，就是"读懂对方的感情，自己也感同身受"。

虽然理性抑制感情，但是驱动理性的，却是"同感"。

在大自然中，同感是人类的特质，其他动物也有感情，但不会对同类产生同感。确切地说，是人脑（大脑皮质）有同感的功能。

在本章的前面部分提到过，"心之所在"——前运动区里、最中央的部分"内侧前运动区"就有"同感"的功能，所以，内侧前运动区又叫作"同感脑"。

内侧前运动区，指的就是额头正中的地方。如佛像的额头有一块小小的、圆圆的点，叫作"白毫"，而那里就是"内侧前运动区"。

人要在社会中生活，就必须有"忍耐之心"和"同感"，而它们都是由"内侧前运动区"，也就是"同感脑"创造出来的。

"三大脑"构成了人脑

　　事实上，前运动区有三大功能，除了前面讲到的"同感"，还有"工作"和"学习"两大功能。

　　其中，同感脑——位于前运动区的正中央，工作脑——位于同感脑的外侧上方，学习脑——位于同感脑的外侧、工作脑的下面。

　　大脑，其实就是神经束。

　　人之所以能够看到东西、听到声音、辨别气味和味道、有疼痛感，就是通过眼、耳、鼻、口、皮肤接收到的信息，然后通过遍布体内的神经传到大脑做出的反应。所以，一切都是脑的感受。

　　构筑脑中网络的神经细胞数达150亿之多，它们互相连接，互相影响，我们把它们叫作"某某神经"，是根据神经在传达信息时使用的物质名而命名的。这些物质叫作"神经递质"，或者"脑内物质"。常说的"多巴胺""去甲肾上腺素"等，就是神经递质。

常听说"脑通过微量电流传达信息"吧？没错，脑中流动着微量的电流，但神经和神经之间传达信息的并不是电流，而是在电流刺激下放出的神经递质。

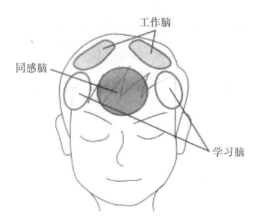

工作脑

同感脑

学习脑

图 2-3　构成前运动区的三大脑

所以，使用多巴胺传达信息的神经叫作"多巴胺能神经"，使用血清素的神经叫作"血清素能神经"，使用去甲肾上腺素的神经叫作"去甲肾上腺素能神经"。

而"同感脑""工作脑""学习脑"和这三种神经是息息相关的。

"学习脑"，是多巴胺能神经。

"工作脑"，是去甲肾上腺素能神经。

"同感脑"，是血清素能神经。

而人脑的功能，体现在心灵上。

当人心不定时，就算平时很周到的人，也会出现焦虑和激动的情绪。

这种情感上的变化就是由脑的活动引起的，因为三大脑各有其特征，而其中各部分活动的强弱势必然会引起情绪的变化。

操纵快感的"学习脑"

何谓"学习脑"？就是指学习时工作的脑。那么，学习对于脑来说，是怎么回事呢？简单来说，就是"以回报为前提的努力"。

细想一下，"以回报为前提的学习"，动物也会啊。

比如，马戏团的动物配合训练，可以得到饲养员喂"食物"的回报。

再比如，宠物犬学握手、直立、坐下，也可以得到食物作为回报。

只是动物的这些行为类似于条件反射，而对于人类来说，学习和回报的关系要复杂得多。

要是用一个词语来概括人类的回报，那就是

"快感"。

可以是金钱,可以是地位,也可以是名誉,而对于女性来说,回报也可以是美丽。

那么,快感是什么?为什么要努力?

答案因人而异,可是相同的是,大家都在为了回报而拼命地努力。

例如,有人从幼儿园开始就为了考试、为了学习而努力,为了小学、初中能进好学校,取得更好的成绩,然后为了上好大学,进好公司。

为什么要努力进好公司呢?因为他们认为,只有这样才有可能拿到高工资,然后和优秀的异性结婚,生下聪明的孩子,从此幸福地生活一辈子。

但是,这只是"梦想"啊,人生不可能都这样一帆风顺。而为了"梦想"得到回报去不断努力,也是人类的一大追求。

多巴胺能神经,就是激活学习脑功能的。

多巴胺,一种让脑兴奋的兴奋质,它带来的兴奋就是前面提到的"快感"。

比如，奥运会游泳健将北岛康介在获得金牌后，他所说的"超高兴"便广为人知。这就是多巴胺带来的快感，让大脑处于兴奋的状态。

不得不说，这种带来快感的兴奋会让人心情愉快，同时也给人带来"干劲儿"。

例如，在学习中，如果考试取得了好成绩，我们一定会非常高兴，与此同时，也涌起了雄心壮志——下次要考得更好。

这是一个看起来美好，实际上隐藏着陷阱的循环：以回报为目标而努力，在得到回报后，更有去努力的积极性。

那如果得不到回报呢？

付出努力，一定就能得到回报？

事实上，并非如此！

更重要的一点是，如果把金钱和名誉当作回报，那么就会产生限度。

快感使我们得到回报，就会更努力，而一旦得不到回报，就会感到不快，从而产生巨大的压力。

在第一章中曾提到过人类特有的压力之一——因得不到快感而产生的压力。的确如此，事实就是这样。

偏偏人类追求快感的意愿又很强，与此同时，不快就会产生巨大的压力。而压力过大，有时则会发展成依赖症。

例如，酒精依赖症就是只要不喝酒，酒带来的快感则会消失，就会产生想喝酒的念头，以至于喝了还想喝，到最后，就是为了能喝到酒而什么都肯做。

如果最后到了这个地步，那么光靠自己的意志力是无法控制的，这就不是正常的心理状态了，需要医生的干预治疗。

另外，还有一些其他依赖症，像购物依赖、药物依赖等，它们相同的地方就是，一开始都能给人带来快感。

多巴胺能神经会给人带来正面的意愿和心态，同时也会带来生存中必不可少的食欲、性欲、求生欲等欲望。

而如果兴奋过度，则有引发依赖症的危险。

062
减压脑科学

危机管理中心"工作脑"

"工作记忆"则是工作脑的主要功能，换句话说，就是"在一瞬间分析各种信息，以及进行经验对照，选择出最佳行动方案"。

例如开车。其他动物不会开车，前运动区不发达、缺乏经验的儿童也不会开车。还有喝酒后前运动区功能低下的成人，也不能做到安全驾驶。

其他那些像开车一样，要在同一时间段作出几种反应的工作，对于前运动区功能低下的人来说，是有难度的，是做不到的。

而和工作记忆密切相关的就是去甲肾上腺素能神经。

去甲肾上腺素和多巴胺一样，也是兴奋质的一种，但它是和生命的危机和不快的状态战斗的兴奋质。它和多巴胺的快感恰恰相反，带来的是愤怒，还有面对危险时的兴奋等。

竞技场上的选手非常生气的时候，就是去甲肾上腺素兴奋的状态。

如果去甲肾上腺素适量，就会给脑带来适度的紧张，从而使工作记忆可以顺利进行。

当身体内外遭遇到压力，就会产生去甲肾上腺素。

而如果压力过大，去甲肾上腺素就会产生过多，脑就陷入紧张状态，无法进行正常的工作记忆。

去甲肾上腺素能神经分布在脑的各个部分，以应对身体可能发生的危机和引起的各种反应。

因此，用"危机管理中心"来形容工作脑是再恰当不过的了。

当面对危机状况时，它会发动自律神经，引起心跳加速，血压升高。还能让去甲肾上腺素诱导大脑热情地清醒着，判断胜算有多少，是战斗还是逃跑，并做出具体的行动。

不得不说，人类能够生存到现在而没有灭绝，大部分功劳是去甲肾上腺素的。

在危急时刻，人会发动自卫的去甲肾上腺素能神经，但是如果兴奋过度，就会带来坏的影响——失控。

而过度的压力是造成去甲肾上腺素过剩的主要原因。积累过多，压力过大，去甲肾上腺素就会过剩，而脑的兴奋也将无法得到控制。

去甲肾上腺素引起的过度兴奋，会引起强迫症、忧郁症、焦虑性神经症、恐吓障碍等各种精神疾病。

持续存在的压力会变成忧郁症，不仅和血清素能神经有关，也和去甲肾上腺素能神经的过度兴奋存在密切的关系。

脑的指挥者"同感脑"

学习脑由多巴胺能神经激活，工作脑由去甲肾上腺素能神经激活，而同感脑由血清素能神经激活。

本书前面的内容中已经讲过关于同感脑的"社会性"和"同感"功能，现在谈谈它和血清素能神经的关系。

血清素也是让大脑清醒的神经递质，但是和去甲肾上腺素带来的"热情的清醒"不同的是，血清素带来的是"冷静的清醒"。

换句话说，就是它能让大脑维持高速运转的状态。

另外，血清素能神经和去甲肾上腺素能神经一样，在全脑中构筑了网络。

而血清素能神经和去甲肾上腺素能神经存在相似的

地方，也存在一个根本性的区别——去甲肾上腺素能神经会随着身体内外的压力刺激而改变释放量，但是，血清素能神经不管身体内外是否有压力，都会持续地释放一定量的血清素。

另外，血清素能神经本身是不工作的，就好像管弦乐队的指挥不演奏乐器一样。

指挥本身并不演奏乐器，只负责掌控整体的平衡，而血清素能神经的功能则和指挥差不多。

有规律地释放一定量的血清素，压抑多巴胺能神经和去甲肾上腺素能神经可能发生的过度兴奋，可以保持整个大脑的平衡，维持平常心的状态。

也就是说，如果血清素能神经处于活跃状态，即使多巴胺和去甲肾上腺素过度释放引起过度兴奋，也能顺利地被压抑下去，以保持住平衡。

如果血清素释放过量了，就会出现看到幻觉的"魔镜"状态，不过这是修行到一定程度的人才会出现的状态。在日常生活中锻炼血清素能神经，是不可能出现这种状况的。

当然,是有可能存在机能低下一类的问题,但是不可能出现像多巴胺能神经、去甲肾上腺素能神经那样的过度兴奋的状况。

锻炼血清素能神经后会更抗压,这就意味着控制机能发生了作用。

人类三大压力和"三大脑"息息相关

正如前文讲过的，人类面临着三大压力——身体性的压力、无法得到快感产生的压力以及无法得到他人适当评价而产生的压力。

第一种，身体性压力直接与工作脑（去甲肾上腺素能神经）紧密相关。

第二种，无法得到快感产生的压力则和学习脑（多巴胺能神经）紧密相关。

第三种，自认为是为了别人好，却得不到适当评价而产生的压力，则和同感脑（血清素能神经）紧密相关。

这是为什么呢？因为这种压力源于单方面的自我认为"为什么不理解我"，而没有考虑对方的心情。

换句话说，就是构成前运动区的"三大脑"和人类的三大压力是紧密相关的。

不得不说这是压力研究上的一个重大发现。

人类所能感受到的"三大压力"，都是受到最人性的脑的影响，所以说脑压力和前运动区存在紧密相连的关系。那么，要想消除脑压力，就要多锻炼多巴胺和血清素。

而能保持三大脑平衡的"血清素能神经"的作用更是重中之重，它能让人类保持平常心——不仅能承受"身体性的压力""无法得到快感产生的压力"，也能承受"无法得到他人适当评价而产生的压力"。

接下来，我们将学习锻炼血清素能神经的方法。

第三章

血清素锻炼每天5分钟

启动大脑需"冷静的清醒"

我们的身体无时无刻不在把身体内外的感受信息集中到大脑，然后由大脑做出判断，让身体的各部分做好应对措施。

而在其中担任信息通道角色的，就是神经。

神经——神经细胞的集合。

各细胞之间并不是紧密连在一起的，而是隔着一定的距离。

在神经细胞之间移动，传达信息的就是神经递质。如果神经细胞是接力赛的参赛选手，那么神经递质就是那根接力棒。

而神经细胞存在两种突起——轴索、树状突起。这两种突起携手让神经细胞组成了神经。

当然，突起的作用也是各不相同的——树状突起则是信息的入口，而轴索则是信息的出口。

神经细胞先从树状突起接收信息，然后将信息传送到使用电流信号神经冲动的轴索末端，神经冲动再到达轴索尖端放出神经递质，就将信息传达给了下一条神经。其中神经细胞的接合部分，叫作突触。

上述就是一般神经的构造以及它的工作原理。

大部分神经针对一个信息发出一个信号，在下一个信息到来之前不做其他的。但血清素能神经不一样，就算没有其他神经的刺激，也仍旧会有规律地释放出神经冲动。

血清素能神经的神经冲动是自发的、按照一定规律释放的，和其他神经的刺激没有关系。

那么，是什么赋予血清素能神经活动规律性的呢？

答案就是睡眠和清醒的循环。

血清素能神经在大脑清醒的时候，以每秒 2～3 次的间隔频率持续不断地放出神经冲动。但是当人进入睡眠状态后，频率就会放慢。而一旦进入深层睡眠后，血清素能神经就几乎不再放出神经冲动。等到了早上，大脑清醒后，血清素能神经又恢复了每秒 2～3 次的释放频率。

血清素能神经是从脑干的中缝核向整个大脑铺开轴索的，所以，在大脑清醒的时候，血清素能神经一直在有规律地释放血清素，而脑内的血清浓度也就保持在一定范围值内。

血清素能给大脑带来冷静的清醒，因此在血清素持续定量释放期间，大脑会保持清醒状态。当大脑进入睡眠状态后，神经冲动的频度减慢，血清素释放量随之减少的时候，大脑也就不再处于清醒状态中。

想一想，血清素能神经的这种功能，就好像是车的引擎在空转一样。

一旦车被发动，引擎就开始低速并有规律地运转起来。而大脑只要是清醒状态，血清素能神经就开始释放出低速、有规律的神经冲动。

还有我们日常生活中经常说的"早上起得来"，这个"起得来"的状态就是：大脑清醒后，血清素能神经马上释放出了有规律的神经冲动。

人醒来后，大脑就在血清素能神经的作用下，进入了清醒的状态，也就是我们日常感受到的"爽快的清醒"。

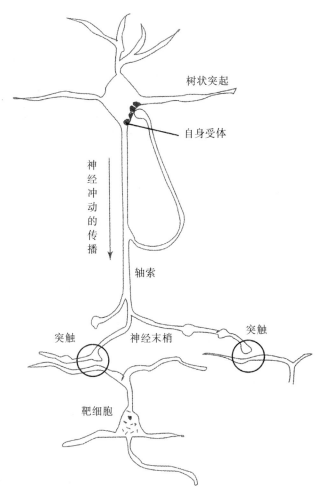

图 3-1 血清素能神经示意图

　　另外，"起不来"则恰恰相反，就像车的空转不稳定，立马会熄火。当血清素能神经的功能低下时，就无法释放有规律的神经冲动。

　　车的空转不稳定，就无法正常驾驶。同理，血清素能神经释放出的神经冲动不稳定，大脑就不能好好工作。

　　那么，为了避免发生这种情况，我们平时就应该锻炼血清素能神经。

血清素能神经的"五大功能"

血清素能神经的功能是什么呢？

我想，很多人想到的只是"对忧郁有效"。

其实，这不对。

前文提到过血清素能神经被激活后，会带来冷静的清醒，还有保持平常心。其实，血清素能神经一共有五大功能。

第一种，冷静的清醒——适度抑制大脑皮质的活动。

前文讲过，这种功能需要大脑中的血清素保持一定的浓度。

第二种，保持平常心——调整心态的功能。

去甲肾上腺素能神经和多巴胺能神经是两种会失控

的神经，而血清素能神经能对它们施加作用，以保持适当的兴奋，抑制失控的可能性。

所以，只要血清素能神经正常，精神性的压力就很容易得到控制。哪怕存在压力，也不会被压垮，不会变得焦躁、易怒。同时，哪怕有高兴的事发生，也不会手舞足蹈，过于兴奋。

当然，伤心、高兴这些情绪还是有的，伤心的时候还是会伤心，高兴的时候还是会高兴，只不过可以冷静地控制自己，保持平常心。

平常心的重要性，在运动员身上体现得淋漓尽致。

例如，当棒球投手投球失误后，如果投手这时开始伤心，质疑自己的专业水准，那么之后就很难取得好成绩。但是，如果仅仅把失败看成失误，而定下心来继续比赛，那么肯定能恢复正常投球水平，并避免失误。

换句话说，平常心就是保持适度紧张并最能发挥个人能力的状态。

第三种，交感神经的适度兴奋。

人脑神经由两种自律神经"交感神经""副交感神经"支持着。

自律神经指的是和意志无关的，且在工作着的神经。

例如，我们在吃东西的时候，消化器官就会自动工作。我们没有办法有意识地开始和终止它，履行这些功能的就是自律神经。

另外，自律神经和血清素能神经还有一点是一样的，会随着睡眠和清醒的循环而发生变化。清醒的时候，由交感神经主导；睡眠的时候，由副交感神经主导。

那么，由副交感神经切换到交感神经时，血清素能神经的规律性冲动在其中起到了很重要的作用。所以，如果血清素能神经衰弱的话，规律性冲动就会变得混乱，自律神经的切换过程也会混乱，从而会引起自律神经失调症，出现身体颤抖、头晕目眩等症状。

需要注意的一点是，血清素可以让交感神经"适度"兴奋。

当交感神经处于高度活跃的状态时，就是"压力状态"。

我们在做剧烈运动的时候，或者精神很兴奋的时候，心跳次数就会飙升到每分钟 120～180 次，从这个数据可以看出身心所承受的压力的大小。

那适度兴奋的状态又是什么样的呢？

睡觉时清爽地醒来就是。

当我们睡觉的时候，心跳次数在每分钟 50 次左右。睡醒后，心跳次数会上升到每分钟 70～80 次。从这个数据可以看出，交感神经很明显是兴奋了，但不是运动时的那种激烈的兴奋，而是准备时的状态。

第四种，减轻疼痛。

血清素还有镇定剂的功效。

我们通常认为，是身体的各部分感受到疼痛，其实不是，感受到疼痛的是我们的"脑"。

例如，我们在治疗牙齿的时候，为了消除疼痛感，医生会使用麻醉剂，使我们的一部分神经暂时处于麻痹状态，无法将疼痛感传达给脑，这样就不会感觉到疼痛了。

其实，疼痛还是存在的，只是感觉不是很难受而已，这就是血清素能神经能减轻疼痛的独特特征。

出现这种现象是因为血清素能抑制"疼痛的传播"，换句话说，就是血清素抑制了压力导致的神经传播，疼痛也就不那么难以忍受了。

这样的话，身体性压力控制起来就容易多了。

有些人受伤并不严重，却感到疼痛难忍，像这样认为自己不擅长忍受疼痛的人，很可能是因为血清素能神经功能衰弱造成的。那么平时要多加注意，加强激活血清素能神经。

第五种，保持良好的姿势。

血清素能神经是直接向连接着"抗重力肌"的运动神经伸出轴索，给予其刺激。

什么是抗重力肌呢？

就是指那些保持姿势时非常重要的、名副其实的反重力作用的肌肉，例如颈部肌肉、下肢肌肉、支撑背骨周围的肌肉以及眼皮和脸上的肌肉等，都是抗重力肌。

抗重力肌在清醒状态下是持续收缩的，而在睡觉状态下就会松弛休息，在调整姿势的同时也会制造出紧绷的表情。

如果血清素能神经出现衰弱，抗重力肌的紧张也会变得弱化，很难保持良好的姿势，经常会呈现松松垮垮的样子。另外，眼睛也会无神，给人一种懒散的印象。

所以，血清素能神经的功能会对我们的身心产生极大的影响。

激活血清素能神经，就可以头脑清醒、心神安定、充满活力，以及善于忍耐压力和疼痛，就连姿势和表情也会保持紧张，它益处多多。

那么，如果血清素能神经衰弱的话，就会出现相反的症状，工作和生活的效率会直线下降，而且还容易患上心理疾病，可谓是雪上加霜。

请记住，激活血清素能神经，不仅会变得更耐压，也更能提高工作和生活的效率，请务必要试一试！

压力和血清素能神经的矛盾关系

血清素能神经的自身是不会直接受到压力的影响。也就是说，不管有没有压力，血清素能神经都会按照规律的频率发出神经冲动。

但是，血清素能神经的功能会因压力变得低下。

这是为什么呢？

在说明这点之前，有必要对血清素能神经的作用模式进行更详细的了解。

血清素能神经从我们日常所吃的食物中吸取色氨酸作为材料合成血清素，然后从轴索末端，也就是神经末梢放出，而放出的血清素和受体神经细胞里的血清素受体相结合后，就可以抑制或刺激受体神经。

在这个过程中，如果和血清素受体相结合的血清素的量越多，影响就会越强，相反，如果血清素的量越少，影响也就越弱。

血清素是配合神经冲动的频率释放出的，如果神经冲动的频率越高，那么分泌出的血清素的量就越多；如果神经冲动的频率越低，那么血清素的量就越少。

如果释放出的血清素没有和血清素受体相结合，会怎么样呢？

其实，没有结合的血清素会由搬运工——血清素转运体，从血清素能神经末梢的重摄取口再吸收，是循环利用的。

按照频率持续释放血清素的血清素能神经，有自我检查线路，会对功能进行自我检查，以维持最佳的状态。

血清素能神经的轴索会在中途产生分支，然后和各种不同的靶细胞相联结，其中的一支一定会返回细胞，负责和自身受体相联结，这样就可以把握自己的分泌量——多了就得抑制，少了就放出。

那么，压力是怎样影响这种作用模式的呢？

压力影响的其实是血清素的分泌量。

在本书第一章中就解释过，压力会给中枢丘脑下部室旁核刺激——经过中缝核降低血清素能神经的冲动，减少了血清素的分泌量。

换句话来说，就是当压力积压后，压力路径就会随即启动，从而刺激压力中枢室旁核，阻碍血清素的分泌量，最终导致慢性血清素不足，血清素能神经功能低下。

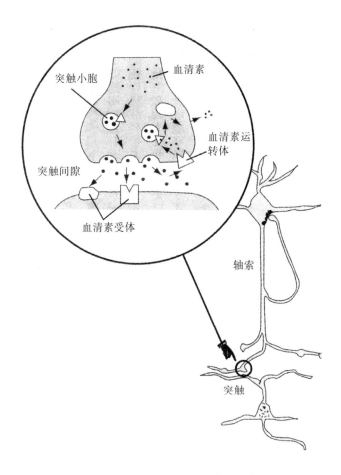

图 3-2 血清素能神经的循环系统图

血清素不足会导致抑郁症的发生

如果血清素不足的情况持续发生，那么靶神经也会发生改变。

为了得到更多的血清素，血清素受体的数量就要增加。

但是，不管血清素受体怎样增加，如果血清素的量还是不足的话，那么情况并不会好转。

当血清素持续不足时，脑内活动就会整体低下，也就会导致抑郁症的发生。

通过解剖抑郁症自杀者，可以证实抑郁症的患病和血清素浓度的低下有关联。

当然，并不是所有的抑郁症都是因为血清素不足而导致的。

抑郁症分为两种：遗传基因本身引起血清素不足而

导致的先天性抑郁症，以及生活习惯引起的血清素不足而导致的后天性抑郁症。

先天性抑郁症常见于家族遗传，其特有的症状是忧郁状态和焦躁状态反复出现。

生活习惯引起的后天性抑郁症，目前在日本有增多的倾向——"心的感冒"。

据说日本患有这种轻度抑郁症的人数大约有 300 万人，而日本人口数量约是1.3亿人，也就是说100个人里有 2 个人患有这种抑郁症。不过，也有文章说患病人数有 600 万人，实际上可能会更多。

只是，这种抑郁症确实是近期才出现的。

当然，在50年前不能说没有，但是肯定没有这么多。按理说，战争中衣食住行等各方面的压力更大，但很少有人因此而患上抑郁症。

现如今增多的抑郁症，其起因在于作息时间的不规律、沉迷于电子产品等现代生活特有的问题。

换句话说，这种抑郁症就是一种生活习惯病。

那么，既然是一种生活习惯病，只要改变不当的生活习惯，就会慢慢康复。

还有一种经常用于治疗抑郁症的药品，叫作 SSRI。

SSRI，又叫选择性血清素再吸收抑制剂，用来抑制血清素运转体的活动。

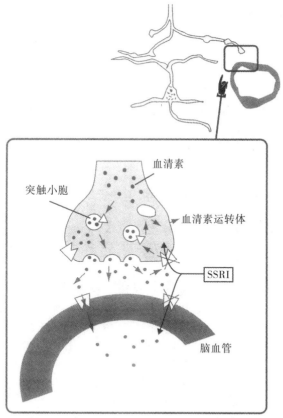

图 3-3　抑制血清素运转体活动的 SSRI

本书的前文内容曾讲过，没有与受体结合的血清素会由血清素运转体重新搬运到重摄取口。其实，在血清素能神经的末梢，也是存在血清素运转体——脑的血管内皮。

血管的血清素运转体会把吸收后剩余的血清素，随尿液排泄出去。

在服用SSRI后，血清素向血管的流出也会被抑制，而没有和受体结合的血清素会在轴索的尖端和靶神经之间漂浮。

为什么这样就能改善抑郁症呢？

因为漂浮在间隙间的血清素的量得到增加，血清素的浓度就会相应地升高。

但是，这只是表面上的改善而已。

因为释放血清素的神经冲动的频率还是很低，没有得到提高。

那么，要想从根本上治疗抑郁症，必须提高神经冲动的频率，以增加血清素的释放量。

所以，要改变生活习惯，激活血清素能神经的神经冲动，以及坚持运动。

根据抑郁症患者的不同情况，专业医生会给予不同的处方，同时配合良好的生活习惯和运动，治疗效果才会更好。

我个人认为，轻度抑郁可以不依靠药物，只要改掉生活中的坏习惯，再进行适当的运动，是可以完全康复的。

改变遗传因子方法之"锻炼血清素能神经"

这里所说的"锻炼血清素能神经",究竟要怎样做呢?

理想状态是:靶神经的受体数量少,与血清素充分结合,以传达强烈的刺激。

我们容易想到的锻炼,应该是肌肉锻炼了。

每天都给肌肉施加适量的负荷运动,使肌肉很明显地变大、隆起,这就是肌肉自身结构的变化。

锻炼是可以改变肌肉结构的。

那么,神经的结构也可以改变吗?

据我所知,只有血清素能神经等有限的神经可以改变结构。

这是因为血清素能神经拥有自我检查线路，其中自身受体很重要。

血清素能神经可以通过感知与自身受体结合的血清素的量，做出正确的判断，例如，不需要放出太多，或者必须放出更多，以调节冲动的频率。

也正是因为如此，血清素能神经才不会像多巴胺能神经和去甲肾上腺素能神经一样失控。

从另一个角度来看，不会失控的意思就是，就算给予了刺激，也不能轻易做到增加血清素的量。而增加就会启动自我抑制的机能，释放量立马会减少。

那么，应该怎么办呢？

持续激活血清素能神经，增大血清素的释放量。

例如，锻炼肌肉也不是马上就会有明显变化。只有每天坚持锻炼，肌肉才会改变结构。

血清素能神经虽然不会马上起变化，但只要每天持续激活，血清素能神经结构自身会有变化，血清素的释放量也会增多。

那么，结构是怎样发生变化的呢？

首先，自身受体的数量会逐渐减少，同时血清素能神经感知的血清素量也会减少，抑制机能就会弱化。当抑制机能弱化后，血清素的释放量就会增加。

而自身受体是由蛋白质组成的，制造蛋白质的命令又是由遗传因子发出的。

所以，当自身受体减少时，也就是制造自身受体的遗传因子发生了改变。

最初的"3个月"至关重要

这样的状况持续发生，遗传因子的活动发生改变，血清素能神经的结构也会发生变化。

要持续多长时间才会发生变化呢？

血清素锻炼持续3个月，血清素能神经的结构就会开始发生变化。血清素锻炼持续6个月，就会出现很好的效果。具体的方法在后文中有介绍。

但是，长期保持弱化血清素能神经的生活坏习惯，它的结构就会发生恶化。也就是说，同样也是3个月，弱化状态也会被固定下来。

所以说，要把血清素锻炼当作生活的一部分，不能见好就收，这样才会有好的效果。

坚持锻炼，就能改变神经结构。

只要坚持最初的 3 个月，就能得到很大的改善。

因为，最初 3 个月的坚持，是最难的。

刚开始锻炼的时候，肯定会出现一些不适感。

为什么努力锻炼会出现不适感呢？

很多人就是因为不了解这一点，开始锻炼时引起不适感，就不再愿意继续锻炼下去了。

开始锻炼时，如果出现不适感，请把它看作血清素开始增加、自我检查线路的启动、是血清素被抑制造成的。

记住，这种不适感只是暂时的。

只要坚持锻炼，自我受体就会逐渐减少，血清素释放量就会持续增加，不适感也就会消失，身体开始充满活力。

相信我，只要能坚持最初的 3 个月锻炼，感觉就会越来越好！

冬季抑郁症的治疗法

激活血清素能神经主要有两大法宝：阳光、韵律运动。

第一大法宝，"阳光"。

冬季抑郁症，就是到了冬季会发病的抑郁症。在冬天日照极少的地区比较常见，例如北欧。

把患者转移到冬天日照时间较长的温暖地区的易地疗法，对治疗这种抑郁症很有效。

例如，把北欧的冬季抑郁症患者带到南意大利等阳光灿烂的地方，就能让患者痊愈。

因为，这种抑郁症的病因就是日照不足。

难以想象我们的生命活动和阳光密切相关。

我们看东西的时候就需要借助光。看，以光为媒介，影像映入视网膜，然后经过视觉神经，最后在大脑皮质的视觉区被识别为影像。而映入视网膜的光的信号，除了看之外，还给脑的其他部分施加了影响。

我们人类的身体随着地球自转，拥有变化的生物钟，以一天 24 小时为一个周期。而阳光就能修正生物钟的偏差。

每到日落的时候，大脑就会从自律神经切换到副交感神经主导，命令生物体降低自身活动水平，以储蓄更多的能量。

有过去国外旅行经历的人都知道，倒时差是必经阶段，这是由于生物钟的周期和光的调节作用不吻合而产生了不适感。

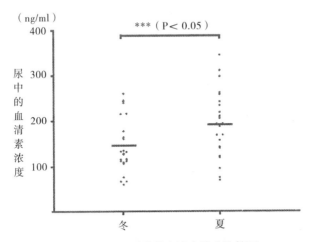

图 3-4　不同季节的血清素浓度比较图

　　血清素能神经会直接接受光信号的影响。

　　血清素能神经还会随着清醒和睡眠的不同状态来改变冲动的频率，而光信号则影响着状态之间的变换。

　　当视网膜接收到阳光信号时，血清素能神经就会兴奋起来，而冲动频率也跟着升高，大脑就进入了清醒状态。

　　有意思的是，阳光就是能使血清素能神经兴奋的光信号。

近期有实验结果显示，治疗冬季抑郁症不是非要用阳光了，2500～3500勒克司光与阳光同强度，也有效果。

准确来说，像阳光一样的强光就能让血清素能神经兴奋起来。

很多人在冬天会出现情绪低落，当阴雨天持续时，会有更多的人感到抑郁，这是因为冬天的日照不足，血清素能神经的机能下降了，从而导致脑中的血清素浓度降低，引起的轻度抑郁症状。

第二大法宝——"韵律运动"的相关内容在后文有详细介绍。

何谓规律地生活

何谓规律地生活？

我想，很多人会回答："让生活节奏跟时钟同步。"

医生对抑郁症患者也一定会说："生活一定要有规律。"

规律地生活确实是有益身心健康的。

很多人坚持早上7点起床，8点吃早餐，12点吃午餐，17点结束工作，19点吃晚餐，23点睡觉。

只是，我认为医生说的"规律地生活"并不是这个意思。

事实上，时间的本身是没有意义的，时间只是一个标准。

更重要的是——刺激大脑的"阳光"。

人类经过漫长岁月的进化，造就了身体。而身体具备的各种功能，以及启动系统，都是在岁月中经过锤炼得来的。

大脑的清醒与睡眠的周期、自律神经的交替周期，都是根据光信号进行切换，这意味着人类是把太阳的周期作为生活的周期的。

事实上，在数百年前，大多数人是过着日出而作，日落而息的生活。就算生活很忙碌，晚上天黑了，也只能睡觉。

电灯普及后，才有了"晚上的光明世界"，不规律的生活、昼夜颠倒的生活才兴起。

有了人工照明，无论何时都可以继续各种忙碌。

我们周围的环境变化了，但身体系统不会轻易发生改变。所以，我们的身体还和阳光一起活动，日落就需要休息，以调整身体里的所有机能。

要想治疗抑郁、易怒等现代生活的习惯病，除了要规律地生活，最重要的是——吸收阳光。

　　早晨起床后，一定要打开房间的窗帘、窗户，让阳光洒满房间。

　　上班、上学的路上，尽量选择有太阳的道路步行。不上班的人可以去户外一边感受阳光，一边散步或者跑步。

　　血清素是在早上制造的，所以，沐浴早上的阳光对激活血清素最有效果。

　　沐浴阳光不需要太长的时间，30分钟足够了。因为长时间的阳光刺激，血清素能神经会启动自我抑制的功能。

　　另外，千万不可直视太阳，否则会损害视网膜。

可治疗失眠症的血清素

大脑拥有自己的"安眠药"，一到晚上就会自行放出，我们也就能好好入睡了。

这种"安眠药"，就是大脑中松果体分泌的褪黑激素。

分泌褪黑激素的条件是太阳下山——"天黑了"。

晚上失眠的人，正是因为缺少褪黑激素造成的。而褪黑激素的原料，则是血清素。

患有抑郁症或者因为生活压力大的人，大都会失眠，其部分原因是血清素不足。

换句话说，就是因为白天没有制造足够多的血清素，而晚上就没有足够的褪黑激素，所以才会失眠。

那些白天玩得消耗了身体能量的孩子，晚上睡眠就很好，也是因为他们白天动用身体机能制造了很多的血清素。

在血清素和褪黑激素的关系没有被了解之前，医生一般会给失眠的病人开安眠药，而现在更关心病人的生活习惯，因此而判断病人是否血清素不足。如果确定是血清素不足，就不会建议依靠药物治疗，而是让病人"既然睡不着就早点儿起床去户外散步"。

白天只要激活了血清素能神经、晚上只要关上电灯，就会有足够的褪黑激素，也就能安然入眠了。

褪黑激素，除了有安眠的作用，还有抗衰老的作用。

褪黑激素属于抗氧化物质，晚上睡觉的时候，还会处理白天产生的不良物质"活性氧化素"。

褪黑激素在日本和欧洲各国，属于药品类。因为它抗衰老作用很明显，美国更是把它作为一种营养品销售。

但是，我对此还是有点自己的看法。

虽然部分营养品的成分说明中，标示着原料是从动物的松果体中提取出来的，但是有导致疯牛病的根源——有被异常朊病毒污染的危险存在。

另外，褪黑激素也可以用化学方法合成。

最安全的褪黑激素，应是自己的大脑制造出的。

要想增加褪黑激素，享受深度睡眠，最重要的是白天吸收足够的阳光，再加上韵律运动，以激活血清素能神经。

还有重要的一点，晚上天黑后就应该睡觉。

有人连夜加班，早上才入睡，其实这是最坏的睡眠。因为太阳出来后，大脑不会分泌褪黑激素。

这种睡眠可以消除身体上的疲劳感，但根本没有抗衰老的效果。

因此，那些经常上夜班的人、生活不规律的人，就算经常进行脸部护理，大多数皮肤都不好。

真正让人恐怖的是，皮肤不好的背后所隐藏的活性氧化素的存在。

我的观点是，活性氧化素就好比燃烧后产生的煤灰。

没有褪黑激素的睡眠，就像人体内的煤灰没有办法清除，一直堆积着。

如果烟囱里堆积了太多的煤灰，即使点着火，也只是不完全燃烧。而我们的身体里如果堆积了活性氧化素，就会引起很多疾病发生。

所以，俗话说，日出而作，日落而息。和太阳同步的规律生活，才是人类最优的作息周期。

将韵律运动习惯化

在前文中，已经详细介绍了激活血清素能神经的一大法宝——"阳光"。

可是，就算我们知道应该和太阳同步生活，但是很多时候还是会因为各种情况而不能如愿。

还有，在冬天多雪的地方，就是想沐浴阳光，也会因为见不到太阳而作罢。

还有人说，整天对着电脑工作，血清素能神经难道不受损伤？

我要说的是，不要输给周遭环境。

要激活血清素能神经，除了要和太阳同步生活，还有一个秘诀就是养成韵律运动的习惯。

那么，即使是在没有阳光的环境里，只要进行了韵律运动，就能消解自身压力，从而改变生活状态。

但是，一定要选择适合自己的韵律运动进行锻炼。

韵律运动，就是指按照一定的韵律运动身体。

其实，人类从出生到死亡，一直在无意识地进行韵律运动。

例如，从出生时发出的第一声啼哭开始，"呼吸"就是最先开始的韵律运动。

吸奶、哭泣，都是婴儿时期很好的韵律运动。

断奶之后，咀嚼食物成了新的韵律运动；会爬会走之后，韵律运动的范围就更广泛了。

在成长的过程中，散步、跑步、骑自行车、游泳、跳舞、做健身操等，都属于韵律运动的一种。

坐禅时，用腹肌以一定的韵律呼吸的腹式呼吸，也是韵律运动之一。

练瑜伽、打太极拳时，进行有意识的呼吸，也是韵律运动。

还有嚼口香糖或打鼓时，如果以一定的韵律进行，也会成为韵律运动之一。

韵律运动，就是只需要让身体记住其中的韵律，而不需要做特别剧烈的动作。

要激活血清素能神经，并不是说进行剧烈的运动效果就会更好。

甚至于勉强进行锻炼都不适宜，因为人一旦感觉疲劳，效果反而会降低。

以幼儿园的小朋友为实验对象，采集了运动和血清素能神经的活性度数据，其中有一组同样是有关血清素锻炼的数据，但是在出去玩的第二天进行锻炼，很多小朋友的血清素数值反而下降了。

小朋友看起来和平时一样，运动起来精神很饱满，但其实因为外出游玩身体积累了疲劳。虽然数据下降幅度不大，但平均值却在10%～20%之间。

进行韵律运动，只要 5 分钟，血清素能神经就会被激活，血清素释放量就会增加。

疲劳的时候千万不要勉强做运动！应根据当天的身体状况来调节运动时间，5~30 分钟就可以。

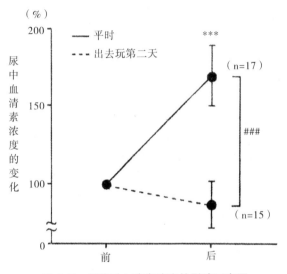

图 3-5　疲劳对血清素浓度的影响示意图

最长不要超过 30 分钟，不是运动时间越长，就会放出越多的血清素。

记住，重要的是长期坚持，而不是长时间运动。

对于无法战胜压力的人类来说，血清素能神经的机能逐渐下降，这是很无奈的事情。但也正因为如此，每天进行血清素能神经激活，复原日渐下降的初期值变得很重要。

可以选择那些自己喜欢、能坚持下来的韵律运动，能坚持一辈子的那种最好。

也可以把几种运动配合进行，例如，晴天可以进行户外慢跑，下雨天就在室内尝试呼吸法。

另外，因病需要静养的或者是自身有缺陷的人，可以尝试唱歌、嚼口香糖、呼吸法等韵律运动。

在日常生活中，我们也可以有意识地激活血清素能神经。例如，白天走路时，不要无精打采的，按照一定的韵律走，就会有效果。

大家先从日常生活中开始努力进行持续运动吧！

怎样最大化韵律运动的效果

重要的是，在有代表性的韵律运动中，找出适合我们自己的锻炼方法，有意识地去激活血清素能神经。

呼吸法

人从出生开始呼吸，直到死亡才停止呼吸。而平时无意识进行的呼吸，只要稍加注意就可以变成身体锻炼，进而激活血清素能神经。

其最大的要诀，就是有意识地做"腹式呼吸"——吸气鼓起肚子，呼气收缩肚子。

腹式呼吸还分为横膈膜呼吸和腹肌呼吸。

这两种呼吸方式看起来相似，其实不一样，身体使用的肌肉是完全不同的，激活血清素能神经的效果也是不同的。

要激活血清素能神经，应该使用腹肌呼吸法。

两者有什么区别呢？

当听到"请用腹部呼吸"的口令时，大多数人会鼓起肚子大口地呼吸。

横膈膜呼吸法——从吸气开始呼吸。从腹部平坦的状态开始，有意识地拉低横膈膜，扩大肺的容量，从而增加呼吸量。

横膈膜呼吸法要注意的是吸气状态。一旦吸入了一大口气，吐气也就在无意识中自然地进行了。

腹肌呼吸法是从腹部平坦状态开始呼气，也就是我们常说的吐气。吐气再吐气，直到不能再吐气，吸气也就在无意识中自然地进行了。

例如，拉开弹簧再放开手，就是横膈膜呼吸法；把弹簧压缩到不能再压缩，然后松开手，就是腹肌呼吸法。

像瑜伽、坐禅、太极拳等韵律运动，使用的呼吸法就是腹肌呼吸法。

只要平时多注意从呼气开始呼吸，形成习惯后，激活血清素能神经就简单多了。

跑步、骑自行车时，也可以用腹肌呼吸法，仅需掌握这种呼吸法的基础要求。

坐禅

坐禅——深入的腹肌呼吸法，加上冥想。

如果在寺院坐禅，会有专人指导盘腿法、保持姿势、去除杂念等。但如果是为了激活血清素能神经而坐禅，我建议不用管那么多细节，只需要进行腹肌呼吸。

因为血清素能神经衰弱的人，抗重力肌很弱，就无法保持姿势。而激活血清素能神经后，抗重力肌会得到强化，保持姿势也就不是难事。

坐禅时，要在不勉强的程度内进行腹肌呼吸，以缓慢的节奏进行。

热衷坐禅的人中，有些人能用 30 秒吐气，长达 10 秒以上的吸气，腹肌呼吸的速度实在是慢得有些惊人。当然，这是修行了几十年的结果。

一般的目标是，吐气 12 秒、吸气 8 秒左右，一个呼吸过程 20 秒。

不过，20 秒也不是一开始就可以做到的。这个不要勉强，在不难受的前提下，尽可能缓慢地呼吸。

另外，坐禅时不要闭上眼睛。要求是半睁半闭，而不是闭眼。

从脑功能来看，其意义重大。

如果闭上眼睛，身心都会放松，脑波就会出现 α 波。α 波有 8～10 赫兹的慢速。

而如果睁着眼睛，大约 5 分钟后，会出现和闭眼时不一样的 α 波——10～13 赫兹的高速脑波。实际上也正是这种高速脑波带来清醒。

散步和慢跑

平时只要坚持按照一定的韵律走路，就能激活血清素能神经。

不能随随便便、懒懒散散地走，要保持时速达到 5～6 公里，然后走 20～30 分钟。如果再配合腹肌呼吸法，效果就更好了。

一边配合散步的节奏，一边先呼3次气，再吸1次气。一般用鼻子呼吸，身体不舒服时可以从口中呼气，但吸气还是得用鼻子。

慢跑的话，刚开始时可以保持时速8公里左右，习惯后可以加速到时速10公里。

当然，速度快了，呼吸量也会增多，可以从散步时用的三呼一吸式，改为二呼二吸式（也就是先呼2次再吸2次），然后配合节奏轻松呼吸。

咀嚼

如果我说咀嚼也能成为韵律运动，肯定有人不相信。但只要多加注意，真的可以激活血清素能神经。

据说，早上不吃饭的孩子比好好吃早饭的孩子上课注意力要差，因为吃饭时的咀嚼激活了血清素能神经。

按照一定的节奏嚼口香糖，也是激活血清素能神经的一种办法。像平时工作很忙的人可以尝试这种韵律运动。

但是，做韵律运动时如果同时使用语言脑，激活效果就会差，所以，在运动时要集中注意力在咀嚼上。

在说话、读书、写文章的时候，语言脑是最为活跃的，另外，在看电视、电影时，因为要听到和理解其中的语言，所以也要用到语言脑。

在进行韵律运动时，就要尽量避免同时进行这些活动。

虽然在进行韵律运动时，看电视、电影不合适，但是一边听有节奏的音乐一边进行韵律运动，可以提高注意力，激活的效果会更好。

另外，巧妙配合，可以取得事半功倍的效果。

例如，在早上的阳光中散步，配合腹肌呼吸法，或者一边听有节奏的音乐一边慢跑，都会比单独激活的效果要好。

学会巧妙组合，不为难自己，一边享受生活，一边塑造强抗压能力的身体吧！

血清素能神经发达的 "能人"

为什么有些人每天的工作日程都安排得很紧凑，但依然充满了活力？

为什么有些人比他人承受着更大的压力，却完全看不出来？

例如，明星、名人、运动员，等等，只要问问他们的生活习惯，就可以知道他们在日常生活中进行着某种形式的韵律运动。

前段时间，我有幸和 TOKIO[①] 的国分太一先生在一档电视节目中进行了对话。他说，他会每天早上 6 点半

---

① TOKIO：日本男子乐团组合，隶属于杰尼斯事务所，成员有5人，城岛茂、山口达也、国分太一、松冈昌宏和长濑智。

就起来慢跑。

80多岁仍在舞台上扮演主角的森光子[2]，她每天都会练习典型的韵律运动之一——蹲坐。

已经去世的乐坛之王、世界级的指挥家卡拉扬，在指挥前会练习韵律运动——瑜伽。

还有一些生活在重压之下的人，例如商业人士、医生、政治家等，也会习惯早上慢跑或者是健身房运动，甚至有些还有坐禅和冥想的习惯。

如果跟他们说："你都这么忙了，还坚持运动，真是厉害。"他们通常这样回答："运动后会感觉更舒服啊。"他们真实地感受到了血清素能神经被激活的恩惠。

运动员每天都会活动身体，血清素能神经也都很活跃。例如，取得优异成绩的棒球运动员铃木一郎，可谓是血清素能人。

从他跑到防守位置和到达防守位置的身体姿势，

---

② 森光子：日本知名的女演员，在电视剧、电影、舞台剧等方面都有很高的成就，其代表作有《冷暖人间》《放浪记》等。

就能知道他一直在有规律地运动，不停地激活血清素能神经。

很多名人即使没有大声宣布自己在做韵律运动，但在日常生活中都以自己的方式进行着。

吸收阳光和韵律运动是增加血清素的秘诀，也不是什么难事，当下就可以实践。

只要去尝试，就会对身体性压力，甚至人类特有的"脑压力"，都有更强的抗压能力了。

第四章

哭泣为什么能让人放松

眼泪可以解压

只要锻炼了血清素能神经，那么在它的作用下，早上就能清爽地醒来，交感神经保持适度紧张，精神状态饱满，身体能舒适地运动。还有，眼神中充满力量，姿势保持端正，心里也没有不安，精神状态很稳定，而且对疼痛的抵抗力也会加强。

换句话说，只要锻炼血清素能神经，似乎就找到了抗压的万全之策。

但是，血清素能神经不具备另外一个重要的功能——增强免疫系统。

不管怎样锻炼血清素能神经，都不会增强身体对疾病的抵抗力。

一般来说，压力来自以下两大路径。

身体性压力路径：丘脑下部到下垂体→肾上腺皮质→免疫力低下→身体性疾病。

脑压力路径（也就是"精神性压力路径"）：丘脑下部到脑干中缝核→血清素低下→精神性疾病。

坚持锻炼血清素能神经，就能修复在压力下逐渐衰弱的血清素能神经，起到抑制脑压力的作用。

但是，锻炼血清素能神经不会直接影响身体性压力的路径。

压力路径不会一个恶化另一个也跟着恶化，但也不是一个得到改善另一个也跟着改善。

例如，没有患抑郁症的人，也会因压力患上胃溃疡。得了抑郁症的人，身体也可以非常健康。

这两者的病因都源自压力，但是症状是完全不同的。

所以，要得出结论就要看其中哪种压力路径的反应更强。

如果能清楚地了解自己的弱点，知道自己更容易受到哪种路径的影响，那么就能更好地应对压力。

　　我们已经知道，抑制精神性压力只要锻炼血清素能神经就可以了。

　　那么，怎样抑制身体性压力呢？

　　不要忘记人类还有一大抗压能力——眼泪。

　　事实上，眼泪正藏着抑制身体性压力的力量。

人类的三种泪

人类的眼泪其实不是只有一种，而是三种。

第一种，基础分泌的眼泪。

主要起到保护、滋润眼睛的作用。例如，长时间对着电脑，还有空调的长时间使用等原因导致的干眼症，就是因为这种基础分泌的眼泪不足造成的。

第二种，反射性的眼泪。

这种眼泪可以洗去进入眼内的异物，例如，有灰尘进入眼睛、切大蒜等。

第三种，动情之泪。

这种眼泪只有人类拥有，具有抗压的能力。当人感到悲伤、感动时，就会流这种动情之泪。

当孩子跌倒时，流的眼泪是对疼痛的一种反应。很多人以为这是反射性的眼泪，其实这属于动情之泪。

我们可以先来看看人类在成长过程中是怎样流泪的，再来理解这个问题。

人类虽说是啼哭着出生的，但新生儿并不会流眼泪。而是等到1岁左右的时候，才会流眼泪。

人类第一次流眼泪来自身体性压力。例如，渴了、饿了、尿不湿湿了等，任何"不快=压力"时，都会哭泣。

在婴儿时期，哭就能消解压力。

随着年龄的增长，流泪有了另一个目的——让父母和周围的人知道自己的压力，以及帮助处理压力。

当我们还处于婴儿时期，哭泣只是对压力的一种反应，但是，哭了就有水喝，哭了就有奶喝，等等，在这样反复刺激下，我们学习到了只要哭就能消除不快，消除压力。

事实上，孩子就是为了让父母帮自己消解压力而哭。

这就意味着，眼泪不仅是为了缓解不适而流，也是告诉父母："快来帮我处理一下不适！"

还没掌握语言的孩子是把"压力哭泣"当作亲子间的"非语言性交流"的工具。

但是，这种压力哭泣随着成长就被抑制了。

"你已经长大了，因为这点儿小事就不要哭了""男子汉了，哭就不好了""你都是大姐姐了，要忍住，哭起来好丢人"……

当父母和周围的大人都这样说时，孩子就知道靠哭这种交流工具已经没有用了。

于是，孩子开始学着用语言告诉大家自己的心情和情况。

从脑科学上看，这是因为小脑发达了。而小脑是和运动有关的脑，换句话说，是小脑抑制了哭这一运动。

但是，不再因为压力哭泣的孩子，在青年时期开始流新的眼泪。

例如，当自尊心受伤时、输掉比赛时，流下的是不甘心的泪；还有，当无法忍受和喜欢的人分开时，流下的是悲伤的泪。

孩子的眼泪是为了让别人了解自己的压力，是感情的真情流露，因而在处理悲伤、悔恨、痛苦等感情时会流下的眼泪。

只是，悲伤的泪和不甘心的泪在成年后便很少在他人面前流了。成年后，流下的大多是感动的泪。

处在婴儿时期的孩子不会有感动的泪，也叫大人的泪。

因为这种眼泪是建立在对他人产生同感的基础上的。

例如，看电视剧、电影时受感动流下的眼泪，看奥运会被运动员的情绪感染而流下的眼泪，这都是自己感受到了对方的喜悦或者悲伤而流出的眼泪。

而孩子因为经验还少，不会产生"同感"，所以不会流这种眼泪。

在前文中讲过，脑中和"同感"有关的是"同感脑"——"内侧前运动区"。通过测定脑的血流量便可知道，当流感动之泪时，内侧前运动区的血流便会增加。

孩子在通过体验儿时的各种眼泪，锻炼内侧前运动区后，便会成长为有同感之泪的成人。

"动情之泪"的切换效果

　　无论是感动的眼泪、悲伤的眼泪、压力的眼泪、后悔的眼泪，只要是希望别人了解自己的，都算是动情之泪。人就是体验着各种动情之泪成长起来的。

　　事实上，只要是动情之泪，对于大脑来说，都是可以消解压力的。

　　这是为什么呢？

　　因为泪腺处于副交感神经的控制之下。

　　换句话说，就是因为副交感神经的兴奋，才会流出眼泪。

　　我们平常说的"压力状态"，是指交感神经处于高度紧张状态。

人处于清醒状态时，是交感神经起主导作用，无法缓解高度紧张。那么，要想缓解紧张，最简单的办法就是睡觉。

只有睡觉时，身体才会自然地切换给副交感神经主导，而紧张的状态得到缓和，压力自然也得到了缓解。所以，熟睡后的第二天早上会神清气爽，因为压力减轻了。

在清醒期间，要切换交感神经的主导地位实属不易，但要切换到副交感神经主导地位，还有一个办法——流动情之泪。

那么，什么时候会流动情之泪呢？感受到"脑压力"的时候。

孩子哭泣，是因为感到不快，因为有精神性的压力。而青春期和青年期，常有悲伤的眼泪、不甘心的眼泪，也是因为悲伤、后悔等不快产生的，压力仍然是流泪的诱因。

那么，感动的眼泪源自压力吗？

其实，也和压力有关系。

例如，奥运会选手从参加比赛到比赛结束，都在和压力抗争。直到比赛结束，站在领奖台上那一刻，才算是从压力中解放出来。在那一瞬间流下眼泪，是因为终于可以从长期的压力状态下解放出来。

而看到这一幕情景也一起流泪的人，正是因为产生了共鸣，一起体验了如何从压力下解放出来。

看电视剧、电影会哭，也是因为在剧情中模拟体验了剧中人物的人生和情感，对他们当时的心情产生了共鸣，这时流下的眼泪是感动之泪。

交感神经感受到了各种压力而产生的兴奋，为了获得压力解放，就流下了眼泪，同时转换到副交感神经主导的放松状态。

但是，也有人虽然压力很大，感到很痛苦，却是想哭哭不出来的状态。

那就是抑郁症患者，因为其前运动区的功能低下。

各种动情之泪都和前运动区有着密切的关系。

　　仅仅因为不快产生的压力是和工作脑有关；而悲伤的眼泪、不甘心的眼泪则是因为没得到快感产生的压力，和学习脑有关；需要有同感的感动之泪则和同感脑紧密相关。所以，如果这三大脑不好好工作，人就会是想哭却哭不出来的状态。

　　而且，我们有些时候并不是因为想哭才哭的。

　　当泪水涌上来时，想忍没忍住，就会哭出来。而一旦开始哭起来，就停不住，这种才是自然的眼泪。

　　这是因为大脑从过度紧张切换到放松的状态。而对于抑郁症患者来说，脑的机能下降，无法进行这种切换，所以才会出现想哭却哭不出来的状态。

　　那怎样才能哭出来呢？

　　流眼泪需要同感脑的作用，那么最好的办法则是锻炼血清素能神经，让同感脑的功能得到提升。

　　如果抑郁症患者想哭时能哭出来了，那就说明病情有好转了。

流泪解压的原理

那么，人在流感动之泪的时候，大脑中到底发生了什么呢？

我们做了一个相关的实验——让实验对象看剧情很感人的电影，然后以血流量为中心，观察他流感动之泪时脑中的变化。

前文中已经讲过，如果血流增多，那就代表大脑很活跃。

当然，要流感动之泪，是需要一定的时间的。不管电影剧情多么感人，只看高潮部分也是无法瞬间被感动的。

要流感动之泪，需要感情的积累，以达到共鸣。

换句话说，就是必须一点一点地接受压力，让交感神经紧张起来，否则无法达到想哭的状态。

在感情积累的过程中，前运动区的血流量还看不出明显的变化。但在流泪的前一两分钟，就可以看到同感脑出现了缓慢的血流量增加的现象。这算是流泪的预兆期。

这时候，看电影的人体验到的感动会一点一点地涌上来，拥堵在胸口。

在眼泪流出来之前，同感脑的血流量会急速上升，会持续10秒钟。

这时候，实验对象哭出来了。

接着，血流量会降低到预兆期的程度，实验对象还在流泪。

然后，这种血流量较多的状态会持续 1分钟左右，再恢复正常。

我把前期的血流增量期叫作"哭泣预兆期"，血流急剧上升期叫作"哭泣触发期"，其后的血流增量期叫作"哭泣持续期"。

当流下感动之泪时，同感脑是高度兴奋的。兴奋还会传遍整个大脑，把交感神经的紧张状态（压力状态）切换到副交感神经的兴奋状态。

当切换的信息传向脑干的上泌涎核（副交感神经的起点），眼泪就流出来了。

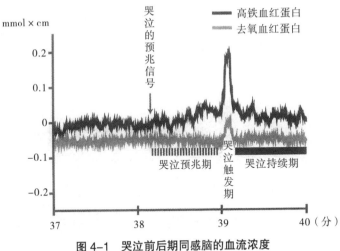

图4-1 哭泣前后期同感脑的血流浓度

异物进入眼睛时，流的是反射性眼泪——经过眼角膜的三叉神经，传送到脑干的上泌涎核，然后刺激脸上的副交感神经，再流出眼泪。所以，给眼睛上麻药后，就不会再流反射性眼泪。

但是，麻药起效果期间，会流动情之泪。动情之泪发出的让上泌涎核流眼泪的信号是另一条路径。

我认为，动情之泪的起点是同感脑。

当同感脑极度兴奋的时候，传达的刺激也就更强，眼泪就多，便达到哭泣的状态。相反，当同感脑的兴奋减弱，传达的刺激也相应变弱，眼泪便也少了。

让几个实验对象同时看电影，一边对他们进行观察，发现其中有眼睛湿润但没到哭泣程度的人。观察他的相关数据，发现他有哭泣预兆期，但没有哭泣触发期，这说明他的同感脑不太兴奋。

这些足以说明，同感脑的兴奋度和眼泪有着密切相关的联系。

只会增压的演员的眼泪

我还让实验对象接受了看电影前后大脑活跃度的"POMS心理测试"，结果显示，流泪的人和流不出泪的人有很大的区别。

POMS心理测试以"混乱""疲劳""活力""愤怒""压抑""紧张不安"六大尺度来测试心情状态。

流泪的人，其混乱、紧张不安两项数值都有了改善，而流不出泪的人基本没有改善。从实验对象的实际感受来看，流不出泪的人感觉心情很不舒畅。

因为他虽然想哭，但其同感脑没有充分地兴奋，没有完成交感神经向副交感神经的转换，所以压力就无法消解。

另外，其他数据也显示了同感脑的兴奋和眼泪量存在关系。

当流一滴眼泪时，没有出现哭泣触发期能看到的血流急剧增加的情况。而且从"哭泣触发期"这个名字可以得知，血流急剧增加之后，必然就是哭泣。

感动的眼泪、不甘心的眼泪和悲伤的眼泪都是动情之泪，但是它比后两者更需要同感脑的血流量增加。

还有一个更有意思的演员的眼泪——一般人想流也流不出来，是演员靠演技才能流出的眼泪。

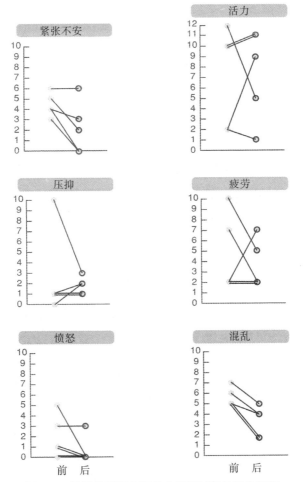

图 4-2 流泪前后期 POMS 心理测试的结果比较图

根据研究结果表明，演员的眼泪和动情之泪在脑中引起的反应是完全不同的。

动情之泪是自然地流泪，在哭泣触发期，某处会出现特大量血流的"扣球型"增加。演员的眼泪是有意识地流泪，在哭泣触发期，只出现小幅上下波动的波浪形记录。

在POMS心理测试中，也出现与动情之泪截然不同的结果，混乱、疲劳、压抑、紧张不安四项出现恶化。

所以，演员的眼泪不但不能解压，反而会增压。

眼泪比笑容更解压

我们已经得知，流动情之泪有极大的解压效果。

那么，动情之泪为什么会抑制身体性压力呢？

因为动情之泪是副交感神经兴奋而流下的。

前文中已经说过，人在清醒期间，倾向于交感神经主导，当压力积累时，交感神经是高度紧张的状态。所以，当压力积累时，有意识地去刺激副交感神经，对身体的健康很有必要。

另外，刺激副交感神经同时还会激活在其控制下的免疫系统。

所以说，哭泣不仅减压，还能调节自身自律神经的平衡，以及激活免疫系统。这三大效果就抑制了身体性压力路径。

备受瞩目的笑也有激活免疫系统的效果，在医疗中采用这种疗法越来越多。

笑和哭看起来是正好相反的，大笑时甚至会笑出眼泪，但这两者从脑的功能来看，是相似的。

让实验对象看有趣的视频内容，等他大笑的时候查看其前运动区血流量，就会发现血流量增加了。

但是，血流量和哭泣的时候相比，增加的程度相对较弱，时间也较短，数据没有哭泣时的变化大。

看视频前后的POMS心理测试的结果，和哭泣的时候也有区别：哭泣时的混乱、紧张不安都得到了改善，而大笑时则出现了活力的大幅度增加。

同样可以解压，区别就在于：哭是爽快，笑是有精神。

根据实验结果得知，笑的解压效果和哭相比，要小很多。

笑的时候，脑内变化不大，对副交感神经的刺激也很小，从免疫的激活程度来看，哭比笑的效果还是要大。

　　当然，尽管哭泣的效果好，但笑比哭的时间短，身体上、精神上的负担都小些，更适合每天轻松进行，而哭泣不适合每天都来一次。

　　虽然笑和哭的效果有些许差别，但是平常可以笑出精神，需要解压的时候再哭。

感动的眼泪是成人的眼泪

从经验中我们可以得知，哇哇大哭比安静抽泣更爽快。

因为同感脑极度兴奋，清楚地出现哭泣触发期，所以解压效果更好。

但长大后，看电视剧、电影流眼泪都会被当作傻瓜。男性更是从小被教育"男孩不能随便哭"。

我建议，要解压，就得有意识地流感动之泪。

例如，在电影院不好意思哭，那就在自己家一边看电影一边哭吧。

当然，对于一直忍着不哭的人，就算知道哭能解压，也很难立即哭出来。但是，我还是希望大家能积极哭泣。

另外，以解压为目的的话，有几个哭泣的小秘诀。

第一个小秘诀，不要在早上哭，应该在晚上哭。

原因之一是早上的压力相对小，哭后的解压效果不大。

另一个原因则是流感动之泪需要感情的积累，需要一定的时间。

在身心都感到有压力的时候，可以在有充足时间的晚上哭一场。

我在实验中利用了电影，当然电视剧、音乐、书都是可以的。只要内容是感人的就可以，选择适合自己感觉的就好。

只是，恐怖、惊险类的内容最好避开。

自古就有"面无血色"一说，观看恐怖内容时的前运动区的血流量会减少，就算看完后会流眼泪，也不是感动的眼泪，没有解压的效果。

第二个小秘诀，想哭的时候就哭，不要强忍着。

感到胸闷、眼睛湿润时，不要强忍着，应该哭出来。

我所说的"哭泣"指的是无法控制眼泪的状态，简单来说，就是想停也停不了的状态。

2007年，东京益力多棒球队队员古田敦也在退役发布会上，因为百感交集而流下了眼泪。虽然只是几滴眼泪，但那是想忍没忍住的眼泪，在脑中其实已经达到了哭泣的状态。

胸中有一股热流涌上，无法用语言表达，也无法控制脸部的表情。就算强行忍住眼泪，但肩膀也会抖动。

这种状态下，就算眼泪少，脑中也是进行了交感神经到副交感神经的切换。

只是，提到哭泣，通常会认为是哇哇大哭的状态，其实，只要是想忍又忍不住的状态，脑中的切换就已经完成，也有充分的解压效果。

只是年龄越大，哭的机会就越少了。

感动的眼泪，是成人的眼泪。要消解压力，请好好利用哭泣。

成人流泪要分场合

哭泣虽然有好处，但是成人在他人面前流泪，还是要分时间、地点和对象，不然会造成不必要的麻烦。

因为在他人面前流泪，和孩子的压力哭泣是一样的，是把自己的压力施加给他人的一种行为。人们要是在无意识中感受到这种压力，就会很讨厌这种哭泣。

例如，女职员被上司批评后，在办公室里哭了。那么，即使真的是女职员的错，在他人眼里上司也会变成坏人的那一方。他人也会感受到其中的压力，讨厌面对这种哭泣。

所以，"哭泣"是一种有着很强影响力的行为。

当然，如果周围有人哭，那么我们很难无视它。

哭泣一定要分时间、地点和对象，这也是成人最低限度的礼仪。

当然，成人可以在他人面前流泪，最具代表性的就是在运动会上所看到的运动员的眼泪。

虽然这是在他人面前流泪的行为，但是不会被讨厌，甚至会让他人感动地接受。

那么，这两种哭泣有什么区别呢？

运动会上运动员的眼泪会被他人接受，是因为那不是压力下的眼泪，而是在压力完结时的眼泪。运动员在比赛结束时，从压力状态中解放出来，无论是喜悦的或是悲伤的眼泪，他人都能感受到这种解放感。而与之一起哭泣的人，是同时体会到了压力下的解放。

换句话说，见到别人被上司批评后的哭泣，会感到讨厌，是因为从中感受到的是压力。而看到运动员的哭泣能接受，是因为从中感受到的是压力下的释放。

所以，作为成人，我们不能把自己的压力强加给他人。

在不能哭泣的时候，就算很想哭，也要在没有他人的地方再哭。而在可以大声哭泣的地方，就应该尽情地哭泣，哭完后会感觉很爽快。

哪怕是在工作中，如果强忍着哭泣而处于压力状态，不如找个能哭的地方哭出来，然后转换一种心情去面对工作，工作效率也会更高。

对人而言，忍耐的本身就是压力。只要是不给他人添麻烦，那么想哭的时候就不要强忍着，好好地尽情哭泣吧！

学会享受周末哭泣

　　为了在必要时能哭出来，我建议大家平时也要定期地流感动之泪。

　　感动之泪不光能解压，也能加强同感脑的功能。

　　同感脑在平时并不处于兴奋状态，而是冷静状态。

　　在哭泣之前，冷静的大脑会出现极度的兴奋状态。

　　所以，我通过看脑血流量图，就能在实验对象哭出来之前，得知他马上要哭了。

　　肯定会有人感到很吃惊："你是怎么知道的？"

　　其实，这很简单。前文中讲过，人在哭泣前，一定会出现哭泣触发期。

　　这意味着我们人类的身体，在发生哭泣反应之前，脑中已经有了变化。

本书第二章讲到过，锻炼血清素能神经能加强同感脑的功能。在进行韵律运动等血清素锻炼时，同感脑的血流量确实会增加。

但是，哭泣能以最快的速度增加同感脑的血流量，在瞬间给予前运动区戏剧性的滋润。

虽然每天进行血清素的锻炼很重要，且哭泣的效果很好，但没有必要每天都哭泣。

我推荐《周末哭泣的建议》（安原宏美著）一书给大家。每周进行一次大哭，同感脑就能得到充分滋养。

而一直强忍着不哭的人，或者是血清素能神经功能低下的人，就算想哭也哭不出来。

还是因为脑功能低下，不容易发生脑的变化。

而最理想的同感脑激活法，则是平时要多锻炼血清素能神经，以及偶尔大哭以滋养同感脑。

在本书第三章的开头讲到过，可以通过韵律运动和阳光刺激来激活血清素，就好像汽车的引擎空转。如果引擎不空转加温，就不可能顺利地哭出来。

然而，想靠哭来获得消解压力的效果，则需要每天进行血清素的锻炼。

还有，如果不具有同感，同感之泪则流不出来。

要想哭出来，就必须产生同感。

我在有关哭泣的实验中，经常会用到电影《萤火虫之墓》。最有趣的地方是，已经看过这部电影的人，反而比第一次看的人更容易哭出来。

一般来讲，既然已经知道电影的内容了，应该不容易哭才对啊！

可是，事实不是这样的！

因为以前看过，有了哭泣的经验，所以缩短了产生同感的过程。

也正因为反复地看，所以共鸣加深了，哭得也就更强烈了。

事实上，我也有一个"看了就哭"的死穴——歌曲《向日葵》。

这是由索菲亚·罗兰和马塞洛·马斯特罗昂尼主演的一部电影的主题曲。我只要一听到这歌曲，就会哭出来。因为我以前看过这部电影，所以只要一听到曲子，电影里的情节就会走马观灯般地在我脑中出现，我的眼泪也就像开了闸似的。

当然，这个看了就哭的死穴，对解压非常有效。我建议大家也培养一个这样的死穴。

前文中讲过，晚上哭比早上哭效果好，同样的，周末哭比周一哭的效果要好。

因为就算每天都锻炼血清素能神经，但是工作了一个星期，还是会有压力的累积。

累积了一周的压力，在周末用眼泪洗去后，一定能休息得更好，养精蓄锐，用清爽的大脑迎接新的一周。

女人为什么比男人更容易流眼泪

都说"女人比男人更容易流泪"。其实，男女哭泣的能力原本并没有差别，出现差异则是在13岁左右。

美国生化学家威廉姆·弗雷博士以研究眼泪而闻名，他认为，是因为那个年龄段的男女荷尔蒙分泌产生差异的原因。

威廉姆·弗雷博士关注的女性荷尔蒙是泌乳激素，这是促使母乳产生的脑下垂体荷尔蒙。他认为，正是泌乳激素带来了男女在哭泣频率上的差别。泌乳激素能促使母乳的产生，和眼泪的产生也存在关系，所以哺乳期的女性容易哭。

我的观点不太一样。

　　威廉姆·弗雷博士关注的是泌乳激素，而我关注的是和女性月经周期密切相关的雌激素。

　　俗话说"女人心，海底针"，指的是女性的心理状态比男性的心理状态更不稳定。

　　事实上，就是雌激素造成了女性这种不稳定的心理状态。

　　雌激素，又叫作卵细胞荷尔蒙。男性的荷尔蒙浓度长期处于稳定状态，而青春期之后的女性，雌激素的浓度会随着月经周期的变化而发生很大的变化。

　　雌激素的浓度会在排卵期前逐渐增加，排卵期间到达高峰，然后排卵期后逐渐减少。接下来就是，黄体荷尔蒙浓度逐渐增加。

　　很多女性在从雌激素减少的排卵期到月经期间，会变得很焦虑，情绪也很低落，有种想哭却哭不出来的感觉，甚至有点抑郁。医学上称之为"月经前症候群"（PMS）。

　　抑郁是和血清素能神经功能低下有关的病症。

　　我对这种变化很感兴趣，便调查了有关女性脑内的血清素浓度和雌激素浓度的关系。

　　根据调查结果显示，两者存在明显的关联。

　　当雌激素浓度高时，血清素浓度也高；当雌激素浓度低时，血清素浓度也低。

　　换句话说，就是排卵前的女性，血清素浓度会高，同感脑也活跃，所以容易哭。而月经前的女性，因为血清素浓度低，所以很难哭出来。

　　另外，女性根据性周期可以分为容易哭的时候和不容易哭的时候，比男性的感情起伏要剧烈得多，所以容易掉眼泪。

与同感的人一起，哭泣的效果加倍

成人的眼泪大都是独自一人流的，但是，和拥有同样痛苦的人一起流泪，更有利于解压。

在交通事故的遗属会上，会有同样痛苦的家属，互相分享回忆，一起流泪，这样可以分担痛苦和悲伤。

因为他们拥有更多的同感。

同感的力量是强大的。

看电影和电视剧就会产生同感，从而流下眼泪。而拥有同样痛苦的人，会互相产生共鸣，同感脑就会超级兴奋。

感到痛苦的时候，如果有人能分担痛苦，就会变得轻松一些。相反，如果他人的共鸣度低，就会产生一种

"我的痛苦不被他人所理解"的失落感。

如果对方是拥有同样经历的人，即使对方没有流眼泪，也会觉得自己的心情被理解，而感到安心。如果对方还会产生共鸣，并流下眼泪，自己就会感觉轻松许多。

我把这看作大脑发达的人类特有的一种"语言疏导"。

例如，上班族喝酒后互相抱怨互相吐槽，就是一种语言疏导。倾听朋友失恋后的倾诉，安慰他，一起伤心流泪，也是语言疏导。

在各种语言疏导中，效果最大的是拥有共同痛苦的人互相倾诉，一起流泪。因为互相产生同感，会带来极大的喜悦。

像恋人之间的约会，在某种意义上来讲，就是通过一起做同一件事情在积累同感。

恋人、夫妻可以一起看内容感人的电影，然后一起流泪，这是非常好的解压法。

我建议有同伴的人，都试一试。

第五章

同感脑就是最好的良药

拥有梦想，很有必要

现在越来越多的年轻人没有梦想，也因此而烦恼。

我年轻时，日本人都很穷，大家一致认为，过上幸福的生活就是最大的愿望。这个愿望既简单又务实。

当大家的价值观一致时，生活的能量就更容易集中；目标清晰可见，就能目不斜视地努力前进。

可是，现在的社会不一样了。日本脱离了贫穷，人们的生活方式也变得多种多样，价值观不再一致。

社会生活多样化，既是一件好事，可同时因为价值观不统一，又分散了精力。这也是给予我们压力的原因之一。

"过上幸福的生活"，这个人生最根本的欲望并没有变，但是，什么才是幸福呢？怎样才能过得幸福？这就是现在年轻人的现状。

目标太多了，仅仅要从中选一个，就可以预见压力有多大了。

没错，拥有梦想，拥有希望，就是拥有了生活的力量，但同时也承受着巨大的压力，可谓是"希望和压力是硬币的两面"。

所以说，积极地面对梦想、面对希望，是绝对有必要的。

从脑科学来看，我们对待梦想和希望的态度，确实会极大地改变我们以后的人生。

如果连这种快感都不去追求，那肯定是受到了什么压力或者阻力。

现在有些年轻人对未来就没有很明确的梦想，觉得当个自由职业者就好。事实上，比起以后能得到报酬的快感，他们更害怕的是在这个过程中可能会遭受到的不快。

为什么会这么害怕不快呢？

我认为有三个方面的原因：第一，成长过程中所受到的教育有问题，大脑前运动区不发达；第二，每个人都认同的"明确的报酬"没有了；第三，在扮演"最初的社会"角色——学校里，经历过欺负和挫折，有了心理创伤。

不得不说，拥有美好的梦想和希望，就能更好地消除自己在社会中所受到的压力，其效果比血清素锻炼和哭泣更好。

我建议，还没有梦想的人，要先拥有梦想。并且要追问自己，为什么追求梦想的心受到了阻力？可以对照上述三个原因，排除相应的阻力。

要知道，如果不消除阻力，就算猛踩油门，车也不可能前进。

所以，我们首先要清除掉消极因素，否则就无法向着梦想和希望前进。

报酬是什么

问问自己，报酬到底是什么？

值得努力付出的东西，或者想通过努力得到的东西，就是你认为的报酬。

可是现在，因为金钱成了最普遍化的报酬，所以很多人不再努力。

工作，就是为了赚钱。

劳动，就是赚钱。

所以，变成了职业只要能赚钱就可以了。

在日本经济高速增长的时期，大家都很拼命地学习。因为好好学习，就能考进好的学校，进入好的工作单位，然后和同样优秀的异性结婚，再如愿生个孩子，就有了美满的家庭。这就是一条再单纯不过的幸福之路。

可是，现在的社会，就算考进了好学校，也不一定能进入好的工作单位；就算进了好的工作单位，也可能面临单位倒闭的问题，让人无法安心。薪水也不再像以前一样能连年上涨。

在这种情况下，把金钱当作报酬，拼命努力，辛苦工作，得到的金钱还是差不多。于是，努力的人就变成了傻瓜。

"只要够生活就行了"，现在很多年轻人就是这样想的。

这就是没有梦想的价值观体现。

如果每年花几百万日元去辅导班进修，所得报酬却和别人相差无几，很多人会觉得努力所花费的时间和费用都是白费了。

那么，怎么办呢？

我个人认为，要摆脱这种状态，首先要把视线从自己转向周围的人。

报酬按金钱来计算的话，就进一步想一想，那些金钱是用来做什么的。

让自己生活得更好？

让自己开心？

不管理由是什么，为自己赚钱追根到底就是私利。

为了私利，人通常是不会努力的。

为什么呢？

要努力的话，人最终需要获得满足，而自己是不可能满足自己的。这和只能持续放出快感的多巴胺是一样的。

换句话说，只有人能满足人。

自己做的事被别人认可，内心才会感到喜悦；只有自己被别人需要，才会感到满足。

所以说，不要只为自己赚钱，要为身边的人的幸福而努力。

我们经常会听说有人在年轻的时候很胡闹，但结婚后，工作态度就很认真了。这是因为他在以前心中没有

"为了他人"的念头，直到有了爱人的存在，就产生了这种变化。

为了孩子，为了父母，为了爱人，在努力工作时这样想的话，就会产生梦想，产生努力的力量。

一定不要把劳动的目的单纯地认为是为了金钱。

而是要有对自己来说很珍贵的人——愿意为之努力的人。

劳动是为了获得能让自己和所爱的人快乐生活的金钱。

现在的很多年轻人没有梦想，我理解为他们放弃了和他人的关系。

如果都认为"对自己最好的报酬是所爱的人的笑脸"，那么就没有自杀的人了吧？

和人多接触，能治疗精神疾病

　　有些人即使想为了所爱的人努力，也感觉使不上劲儿，这可能与过去承受的压力有关，成为精神创伤，在心理上产生了一种阻力。

　　产生精神创伤的原因不能一概而论，是因人而异的。

　　人会因为人际关系而受伤，要治疗这种精神创伤也是用人际关系。

　　无精打采、抑郁、自闭，最初的契机都是压力。

　　如果不能好好地处理压力，当压力积累过多，那么血清素能神经就会衰弱，前运动区功能也会下降，然后大脑皮质的整体功能退化，逐渐进入了恶性循环。

　　在恶性循环的过程中，如果产生了心理疾病，就会变得自闭，拒绝与他人接触。而持续缺少和他人的直接交流，会加重抑郁和无精打采的症状。

其原因是，同感脑是在和他人的关系中被激活的。

人是在成长的过程中，通过与他人的接触而确立自我和他人的观念的。

首先，是和爸爸妈妈的接触，和兄弟姐妹的接触，然后是和朋友、同学、老师以及和周围的人的接触，还有就是跟异性的接触。

只有在生活中不断地和他人进行接触，同感脑才会自然地被激活，形成自己人性化、个性化的东西。

在人际关系中，有痛苦的体验也是无可奈何的事情。人活着，不可能没有压力。而在社会生活中，伤人和受伤都是不可避免的。

但是，要有意识地去创造良好的人际关系，在人际交往中激活同感脑。

和形形色色的人相遇，经历各种事，对更多的事和人产生同感。同感脑发达，整个大脑就会被激活，那么一般的压力都能顺利地应对。

　　如果恶性循环进一步发展，成为抑郁、自闭的人，那么在治疗过程中，很有必要和周围的人保持接触。就像重复孩子的同感脑的成长过程，重新一点一点地锻炼同感脑。

　　可以一边进行韵律运动等血清素锻炼，一边和他人进行接触，那么同感脑的恢复就会更快。如果同感脑衰弱到患上抑郁症的程度，那么可能不会流眼泪了。等恢复同感脑的功能后，就会流泪了，所以，不用特意练习哭泣。

　　要从抑郁和自闭的症状中恢复，是需要花时间的。踏踏实实地坚持血清素能神经的锻炼和人际交往，就是最好的治疗办法。

"3岁看老"同样适用于脑的成长

没有希望和梦想的人，很可能就是在幼年时所处的环境没有培育好同感脑。

俗话说"3岁看老"，这在脑科学上也已经得到充分证明：孩子在 3岁之前，大脑的变化很剧烈，而这种变化会影响孩子的一生。

我研究的课题"人出生后血清素能神经的发育"，其数据结果也显示，大脑在3岁之前会出现剧烈的变化。血清素能神经和同感脑的发达密切相关，而同感脑控制着大脑皮质，因此，培育方式对大脑的发育十分重要。

那从小需要什么样的环境呢？

需要注意的是，幼儿时的母子分离。

妈妈和孩子的分开，对于幼儿来说，是最大的压力了。

因为幼儿时期的孩子正在全力发动自己的五感"读"母亲的心。

据说，人类是在未成熟的状态下出生的。刚出生的婴儿确实不会走路，也不会嚷嚷着说要喝母乳。

但我认为，在交流上，婴儿和成人拥有差不多的能力。

婴儿虽然不会说话，只是交流的方法不同而已。

婴儿是用非语言性的交流方式。所谓"交流"，就是向对方传达自己的意图和欲望。而婴儿不用语言表达，也充分达到了交流的目的。婴儿的需求，妈妈能充分地理解。

婴儿在喝奶时，通过妈妈的呼吸、皮肤的触感，以及妈妈说话的声调，就能感受到妈妈的心情。这种非语言性的交流，刺激了最有人性的同感脑的发育。

换句话说，孩子在妈妈的怀抱里时，就是通过非语言性的交流，促进同感脑发育的时刻。

如果在这个时期，妈妈长时间和孩子分离，或者就算在一起也不抱孩子，那么孩子就只是身体在长大，而无法培育同感脑。

当孩子1岁左右学会说话，获得语言能力后，也还是需要通过非语言性的交流和感情表达来充分培育同感脑。

要想充分培育同感脑，就不要把3岁前的孩子和妈妈分开，还要尽可能多地进行肌肤接触。

妈妈把孩子抱在怀里，温柔地抚摸，看似无心的举动，但其实是在培育同感脑。

妈妈也会受到"母子分离"的压力

那么，必须和妈妈分开的孩子会怎么样呢？

这关系到一个问题：同感脑的发育持续到什么时候？

前运动区得到发育，婴儿才能成长为健全的成人。而前运动区发达是人类固有的特征，所以没办法通过实验数据来证明。但是，我认为，10岁前，在完全具备语言功能之前，培育同感脑是很重要的阶段。

各种实验数据表明，孩子是一边学习语言，一边在培育同感脑。

当然，就算孩子和妈妈分开了，也会有人陪孩子长大。而在成长的过程中，孩子仍然会运用非语言性的交流能力使同感脑得到发育。

孩子在学校的集体生活中，不断地学习新知识，不断地犯错误，同时包括同感脑的前运动区也在不断地发育。

所以说，就算不是妈妈亲力亲为地养育，也不能说同感脑完全没有得到发育。

另外，幼儿时期的发育只要不为零，只要到了一定的年龄，同感脑的机能也能得到加强。

人脑对周围环境的适应性，绝对超乎我们的想象。

相反的是，如果拒绝和周围的人交流，那么即使前运动区很发达，大脑的机能也会逐渐衰退，慢慢变得易怒，进而出现抑郁、自闭等现象。

如果我说，"孩子只要和妈妈在一起就好了"，可能会被认为是性别歧视。但考虑到男女的脑结构有明显不同，不得不说的是，有些工作就是适合女性，而有些工作就是适合男性。

例如，女性能生孩子，而男性不能。因为女性的身体、脑的构造和系统，都适合生孩子。

近些年来，越来越多的女性在生完孩子后，希望能早点重返职场。其实，母子分离不仅对孩子来说是压力，对妈妈来说也是压力。

妈妈和孩子在前 3 年亲密地生活在一起，对双方的大脑都是有好处的。

育儿确实是一项很辛苦的工作，但是和孩子的接触能治愈辛劳，从而让人能够忍受这项工作。

为了让女性能够更好地参与社会，日本付出了很大的努力，建设了这个男女平等的社会。但是，社会上出现了少年儿童犯罪的增加、女性负担的增加、少子化等问题。其根源不正是母子分离吗？

我并不是说，女性就应该待在家里育儿、做家务，而是希望女性为了孩子的大脑能得到更好的发育，在孩子3岁前，能够安心地育儿。

对健康养育孩子来说，创造这样的成长环境很有必要。

炙手可热的"IT业"和"看护业"

IT业是个很受年轻人欢迎的行业。工作很酷，工作环境又好，薪水也高。

但是这个行业的离职率非常高，而SE（系统工程师）的离职率更高。

离职的原因有很多，例如，工作时间长、分工制导致成就感稀薄，等等。如果从脑科学的角度来思考，主要有两个原因。

一个原因是长时间身体不动。IT行业需要长时间伏案工作，每天很少有外出沐浴阳光的机会，运动时间明显不足，血清素能神经就会衰弱。

另一个原因是工作对象不是人。这其实是个很严重的问题。

IT工作者每天大多数时间是对着电脑显示器工作，就连人际交流也大多用邮件进行。在这种工作环境中，工作记忆功能的工作脑在很活跃地运作，但是同感脑几乎得不到刺激。

而工作脑和压力是直接相关的，压力很容易累积，一旦累积过多就容易损害身心。

IT行业的很多工作者都患有抑郁症，从脑功能来看，就能理解了。

虽然其他行业患抑郁症的情况没有IT行业严重，但是工作对象不是人，而是电脑的工作形态越来越普及了。

工作联络基本上用邮件，会议和演讲用PPT，这已经成为现在职场的常态。几个人甚至更多人好不容易聚在会议室，看的却不是演讲的人，而是投影屏上的画面，那为什么还要聚在一起呢？

在当今的医疗过程中，也有这种倾向。不管是X线检查还是其他检查，检查结果能马上数据化显示，医生再根据电脑上显示的数据，对患者进行进一步的诊断。只是，医生的眼里只有电脑画面了，而不是患者的身影，患者也没有医生给自己看病的感觉了。

在家庭里，一家人坐在一起，没有语言交流，眼睛只盯着电视或者手机。实际上，这都算不上是一家团圆。所谓团圆，并不是说只要聚在一起就够了。

现在还有一个日渐受欢迎的职业——看护，这是人和人必须直接接触才能进行的职业。

从事看护行业的人有"自己的工作能帮助他人"的满足，这也已经成为一种前进的动力。

一些有志于从事看护行业的人，也是希望通过和人的直接接触获得自我认同。

据说，在硅谷，越来越多的公司禁止开会时带电脑入内。因为其中有个公司尝试实行后，发现会议的效率有很大的提高。

IT行业的发源地硅谷出现了这样的动向，真是耐人寻味。

同时，这也说明，人还是要有生活的动力，人和人的直接交流是不可或缺的。

大脑的三种治愈方法

前文中提到过"治愈"一词，其实我觉得这个词很难定义。

通常来说，疾病和创伤治好了，烦恼和苦闷被消除了，或者是人变得轻松了，就会感觉到被治愈。

而感觉到就是大脑认识到的意思。

那么，人感到被治愈的时候，脑中有什么变化呢？

我认为，大脑有三种治愈方法。

第一种，让大脑皮质整体休息。

其实就是"睡觉"，这是最简单、最实用的治疗方法。

人在清醒活动时的脑波叫作 β 波，而睡觉的时候，是从 β 波（14～30赫兹）到 α 波（8～13赫兹），再到

θ波（4~7赫兹），慢慢地变得越来越慢，最后降到 δ
波（1~3赫兹）。

人在睡觉时，当外部信息流入通道被切断，大脑皮
质整体就得到了休息。

换句话说，就是在压力刺激下，大脑皮质活性化得
到了抑制，大脑也就能得到休息。

第二种，激活大脑皮质。

这是跟第一种完全相反的方法。通过激活脑的血清
素能神经，让整个大脑皮质处在某种特殊的状态。

而这种特殊的状态，就是释放出 α2脑波的状态。

大家都知道，α波是人在放松状态下的脑波，实际
上，α波还分为慢α波和快α波，其性质是大不相同的。

人在放松的时候，或是想睡觉的时候，抑或是闭上
眼的时候，所出现的是慢α波（8~10赫兹）。

在坐禅或进行腹肌呼吸时，出现的是快α波（10~13
赫兹）。

这种快 α波才是能带来治愈效果的 α2脑波，我们

感觉到的是爽快清新，而不是慢 α 波出现时的放松感。

这种爽快清新的感觉，代表血清素能神经被激活，从而获得的大脑皮质的清醒状态。

一旦进入这种状态，抑郁症患者不再抑郁，浑身充满活力，焦虑的人也恢复了精神上的安定。

对于抑郁症患者来说，第一种让大脑皮质休息的治愈方法基本上没什么效果，反而是第二种激活大脑皮质的治愈方法效果更好。

第三种，眼泪治疗。

眼泪是在脑内引起，从交感神经向副交感神经的切换。

当交感神经的紧张得到解放时，所流的眼泪能带来治愈身心的效果。

这种治疗法不需要让整个大脑皮质处于休息的状态。眼泪会让同感脑高度兴奋，从而进行自律神经的切换，然后带来治愈的效果。

这三种治愈方法在脑中所引起的反应是完全不同的，我们可以根据它们不同的作用用于不同的治疗。

第一种"让大脑皮质整体休息"：在大脑休息的同时，身体也在休息，可以带来消除疲劳的治愈效果。

第二种"激活大脑皮质"：可以让头脑得到清醒，让全身充满活力。

第三种"眼泪治疗"：能洗去身心压力，让心情变得轻松起来。

熟知这三种治愈法的特点，再根据具体的情况巧妙地加以利用，就能有效地治愈身心。

三种治愈方法能治愈人的三大压力

从三种治愈方法可发现，治愈其实就是压力的缓和。

其中，第二种和第三种治愈方法，代表着两种抗压能力。

我们已得知，人有三种压力：身体性压力、得不到快感的压力和所做的事得不到认可的压力。另外，在第二章中讲过，这三种压力和前运动区的工作脑、学习脑和同感脑是紧密相关的。

换句话说，三种治愈方法和三种压力、三种脑密切相关。而每种压力都能找到最合适、最有效的治愈方法。

例如，工作过度、肌肉疲劳等身体性压力，最有效的治愈方法是第一种，让大脑皮质整体休息——睡觉。

而得不到快感的压力，则是因为多巴胺能神经的失控产生的，可以通过激活抑制失控的血清素能神经，就是韵律运动等血清素锻炼，也就是第二种治愈方法——激活大脑皮质。

另外，对自己所做的事得不到认可的压力，则需要提高同感，哭泣能让同感脑振奋，所以第三种——眼泪治疗最有效。

人类拥有三大压力的同时，产生了工作脑、学习脑、同感脑，也得到了相应的三种治愈方法。

动物也有身体性压力及其治愈方法，但是没有其他两种压力及其治愈方法，那是人类特有的。

其实，如果压力适度，是有正面作用的，能提高注意力和工作效率。但在当今社会，输给这两种人类特有的压力的人越来越多。

因为他们没有好好利用人脑中已经具备的两种压力对应的治愈能力。

释迦牟尼主张"慈悲"

释迦牟尼通过亲身体验，最终领悟到"人类无法战胜压力"。

所以，他主张坐禅，用以激活血清素能神经，也就是等待压力的消失。

释迦牟尼还主张慈悲。慈悲是由梵文"maitrii"（慈）和"karuNaa"（悲）组成。

maitrii是"友情"之意，但不是对特定某人，而是对所有人表示友情。

karuNaa直译的意思是"对人生痛苦的呻吟"，那为什么要译成"悲"？因为了解了自己的苦，方能了解他人的苦，才会拥有治愈他人之苦、救济他人的想法。

对众人平等的友情、共苦而产生的治愈对方的想法。慈悲就是这个意思。

释迦牟尼主张"慈悲"，其实就是指激活同感脑带来的治愈。

要超越"不被他人认可的压力"这种痛苦，最重要的就是如实地看待现实。

何谓"如实看待"？

去除自我、他人，只看待事实。去掉"我是为他好""我本来好心好意的"等想法。

只有去除了自我，才会对别人的立场、心理产生同感。因为真正的同感不存在自我和他人，是大家共有的、相同的感情。

正如释迦牟尼所说的"众生平等""和他人同苦"，都是去除了自我和他人后的同感。

治愈别人的同时治愈自己

有一个关于治愈的实验，非常有意思。

"拍拍背"实验是由中川一郎开发的实验，正在推广中。我们也正在进行这方面的研究。

实验中，两个人一组，一个人以1秒1次的频率，轻轻拍打另一个人的背。

我本来预想的是，被拍背的人血清素浓度会有上升，但是，实验结果很意外的是，被拍的人和拍打的人，两个人的血清素浓度都上升了。

血清素浓度上升意味着血清素能神经被激活，也就是被治愈。

换句话说，就是为别人做事的同时，也能治愈自己。

所以说，要成为幸福的人，最简单的方法——让别人幸福。

而这也正是人发达的同感脑的真正价值。

同感脑能让我们在看到别人痛苦时也感到痛苦，别人悲伤时也感到悲伤。当我们看到幸福的人和事，同感脑也会产生共鸣，把我们引向幸福。

不得不说，这是人所拥有的最棒的能力了。

俗话说，"与人为善，与己为善"，而我们的大脑确实就是这样的结构。

为什么要对别人好？

为什么要与他人友善交往？

为什么要为社会劳动？

答案其实都已经在我们的大脑里。

现在社会上的很多问题，其实都是因为人和人直接接触的缺失。脑压力的原因也是这样。

母子分离、电视机看孩子、手机党……当然，原因不止一个，但相同点就是人和人直接接触的缺失。

直接接触、面对面沟通，经常用刺激同感脑的非语言性交流。人类就是这样让同感脑工作的，治愈别人的同时也会治愈自己，同时构筑起良好的人际关系。

当良好的人际关系扩大后，就不会再为压力而苦恼，也就有了良性发展的社会。

请大家好好锻炼血清素能神经，激活同感脑，以处理身体性压力和脑压力。

这两者不但是抗压能力，还是人和社会幸福生活、良性发展的重要路径。

后　记

现在的生活中，因为"脑压力"而患上心理疾病的人不在少数。抑郁症更甚被称为"心理感冒"，是普遍存在的。

本书中提出的"锻炼血清素"和"流眼泪"，恰恰就是康复疗法。

我相信，本书的读者中，肯定有正为抑郁症苦恼，或是为身边的抑郁症患者担心的。

我希望你们了解，要守护自己的心灵和身体健康，要靠自己的努力。

虽然很多人会认为，病了就应该去医院，接受医生的治疗，吃上处方药，才算是最好的治疗方法。

但是，我这个蹩脚医生还是要说，比起处方药，我们的身体就拥有更安全、更高效的制造"秘药"的能力，而激发这种能力十分重要。

像手脚麻痹的患者，在做康复治疗时，首先要从小事做起，而不能勉强为之。

当然，心也是一样的。让心理脆弱的人打起精神来，只能是勉为其难。

可以从小事开始，先理解"压力无法战胜"就好。再用"脑压力"替换"心理压力"，深入了解其原因和应对方法。然后，第二天早上去沐浴阳光。

仅是这样做，就会发生变化的。

哪怕只是小小的一步，也是要靠自己的。

要想恢复衰弱了的机能，就算再辛苦，也一定要自己去努力。

心理的康复不能想着去依赖医生，依赖周围的人，如果不亲身实践，绝对没有效果。

规律的生活习惯、营养均衡的饮食、韵律运动，每天都坚持，其实也是一种压力。只是，这是适度的压力，而且自己控制、自我加压能激活大脑，释放出维持健康必需的"秘药"——血清素。

换句话来说，就是以压力对抗压力。

如果压力过大，那么锻炼血清素能神经也是无法对抗，这时就可以大哭一场，用泪水洗去压力。

人生，会发生各种各样的事情，快乐的事情、悲伤的事情……

我的理解是，更好的生活绝不代表只选择好的部分，而应该是品尝人生的喜怒哀乐。

疲劳时，休息。

痛苦时，哭泣。

待休息过后，再次迈开自己的双脚前行。

这就是我理解的"和压力共存"。

我在此衷心地希望，本书能为更多的人品尝人生，助上一臂之力。

有田秀穗